Jürgen Proske

SCHATZ Jäger.

35 verschollenen Schätzen auf der Spur

Mit konkreten Tipps und aktuellem Recherchematerial

pietsch

Alle Fotos stammen vom Autor mit den folgenden Ausnahmen:
Pixabay: S. 3, S. 6, S. 8, S. 9, S. 10–13, S. 17–21, S. 28 unten, S. 29, S. 30, S. 44, S. 45, S. 50 unten, S. 51, S. 68, S. 71, S. 73–75, S. 82, S. 83, S. 84, S. 88–97, S. 110 oben, S. 118, S. 120, S. 121, S. 122, S. 124–127, S. 129, S. 132, S. 134–137, S. 140, S. 142–149, S. 151, S. 152, S. 154, S. 156–161, S. 163–189, S. 192–206, S. 208, S. 209, S. 211, S. 214–219. Walters Art Museum artwork/Bishop's Ring/ Gold und Malachit: S. 22. Shutterstock.com/Aleksandr Pobedimskiy: S. 87. Shutterstock.com/berserg: S. 88/89. Shutterstock.com/Phonlamai Photo: S. 57 (Satellit). Kurfürst Max Emanuel von Bayern als Feldherr, Porträt von Joseph Vivien (1657–1734)/Wikimedia Commons: S. 148. CC-BY-SA-2.0-DE/ Ferdinand Fellner, Friedrich der Schöne, um 1838–1853, Öl auf Leinwand: S. 156. Jacques Callot, Les Grandes Misères de la guerre (1632/33), Art Gallery of New South Wales, Ausschnitt: S. 160/161. Wikimedia/CC-BY-2.0/ Rolf Dietrich Brecher: S. 161 Schnupftabakdose. Shutterstock.com/Zuktenvos: S. 166 Bronzeschwert. iStock by Getty Images/Matt Gibson: S. 168. Windell Oskay/A fragment of Muonionalusta meteorite/CC-BY-2.0: S. 177. Wikicommons/Autor: Mbdortmund/ Hamburg-090613-0172-DSC 8269-Museum-Hamburger-Geschichte.jpg: S. 187. Shutterstock.com/Travelview: S. 204.
Titelbild: ©Shutterstock.com/eugenegurkov; Shutterstock.com/Smileus

ISBN 978-3-613-50901-6

Ein Unternehmen der Paul Pietsch Verlage GmbH & Co. KG

1. Auflage 2021

Sie finden uns im Internet unter www.pietsch-verlag.de

Lektorat: Ulrike Ruh

Cover: Kornelia Erlewein

Layout und Satz: Patricia Braun

Druck und Bindung: Graspo CZ, 76302 Zlín
Printed in Czech Republic

»Und einige Dinge, die nicht hätten vergessen werden dürfen, waren verloren. Die Geschichte wurde zur Legende. Die Legende wurde zum Mythos. Und zweieinhalbtausend Jahre lang verging der Ring aus allem Wissen.«

J. R. R Tolkien, aus: Der Herr der Ringe: Die Gefährten

»Jipiiee, ein Sesterz, hier muss das vergessene Römerlager sein!«

Jürgen Proske, irgendwo auf einem Acker

INHALT

ALLES ÜBER SCHÄTZE

Schatzjäger in Mitteleuropa: Lässiges Sonden-Wedeln mit Schatzgarantie?

Deutschland, Österreich und die Schweiz sind wohlhabende Länder. Wenn Du schon ein Township in Afrika, einen Slum in Asien oder eine Favela in Südamerika besucht hast, kannst Du das sicherlich bestätigen. Fast jeder von uns hat ein Auto, Unterhaltungselektronik, ein Sparkonto, viele wohnen in den eigenen vier Wänden.

Wir haben Freizeit und Urlaub, die wir für mannigfaltige Vergnügungen nutzen. Die Damen sammeln Ringe, Armbänder und Halsketten, die Herren Uhren, Herrenringe oder Krawattennadeln. Wir gehen ins Theater, leisten uns exotische Ferienziele und horten Aktien und Geldanlagen. Manche legen sich Goldbarren, Münzen oder Bargeld ins Depot oder den Safe. Kunstgegenstände, Briefmarken und Bilder werden gesammelt. Doch nicht nur über der Erde häuft sich Wertvolles. Auch unter der Oberfläche Mitteleuropas findest Du Preziosen. Edelmetalle, Kunstgegenstände, Schmuck, Artefakte und wertvolle Relikte.

←
Schmuckkästchen:
Gold und Juwelen
für den Schatzjäger.

Wie viel glaubst Du, steckt an verlorenen Edelmetallen in Deutschlands Böden? Und hier spreche ich nur von den Edelmetallen wie **Gold, Silber oder Platin.** In verarbeiteter Form als Münzen, Barren, Schmuck, Haushalts- und Kunstgegenständen – nicht von den ebenfalls vorhandenen, natürlichen Vorkommen oder Lagerstätten, sonstigen Münzen aus Kupfer und Bronze, von vermissten Kunstgegenständen wie dem Bernsteinzimmer, den Bildern von Gurlitt oder keltischen Bronzegegenständen.

Doch ist das Gold in den Böden nicht rein. 8, 12, 18, 24 Karat oder 333, 555, 725 als Goldqualitäten sind »Verdünnungen« von Gold. Reines Gold wird mit Metallen wie Messing oder Kupfer gestreckt, um es härter, haltbarer oder leichter verarbeitbar zu machen. Dementsprechend multiziplieren sich u. g. Fußballplätze bei 12 auf 300 oder bei 8 Karat Goldgehalt auf 600. Auf zehn Zentimeter massivem Goldrasen würde sogar ich als bekennender Fußballhasser gerne einen Ball kicken, aber jedes Foul wäre dort ungleich schmerzhafter als auf dem Rasen.

SCHÄTZ' DOCH MAL DIE SCHÄTZE:

Liegen dreitausend Kilogramm, dreißigtausend Kilogramm, dreihunderttausend Kilogramm oder drei Millionen Kilogramm verarbeiteter Edelmetalle in Deutschlands Erde? Na, was meinst Du? Es ist schier unglaublich, aber in unseren Böden wartet ein gigantischer Schatz: Sage und schreibe **3200 Tonnen Gold und Silber** sollen laut Fachleuten und Historikern hierzulande noch in der Erde verborgen sein. Stell Dir das mal vor: 3.200.000 Kilo Edelmetalle. Das entspricht dem Gewicht von 3000 VW Golf. Natürlich ist das Volumen von Edelmetallen völlig anders als das Volumen von Autos. Experten schätzen die insgesamt weltweit geförderte Goldmenge seit Beginn der Menschwerdung auf einen Klotz mit einer Kantenlänge von 21 x 21 x 21 Meter. Das hört sich nicht nach sehr viel an, aber es ergäben sich immerhin, bei einer Höhe von 10 Zentimetern reinem Gold, 150 Fußballplätze mit edlem Bodenbelag.

←
Römische Münzen aus unseren Böden (links) und filigraner mittelalterlicher Goldschmuck (rechts).

Goldbarren, der Traum jedes Schätzjägers.
↘

555-Karat-Goldkette, nur die Hälfte besteht aus Gold.
↙

Und jetzt spreche ich nur über Edelmetalle. Weitaus mehr an antiken Metallen wie **Bronze oder Kupfer** verbergen sich in den Böden. Angefangen bei keltischen Fibeln, Münzen aller Art, Phaleren, Pferdegeschirren, Bronzebeilen, Schwertern, Speeren und Helmen sowie Rüstungen bis hin zur bronzezeitlichen Récamiere im Grab des Fürsten von Hochdorf. Die Römer erweiterten das Fundspektrum um **Blei, Messing und vor allem um Eisen.** Römische Haushalts- und Gebrauchsgegenstände aus Eisen finden sich ebenso wie Kriegsausrüstung, Werkzeuge und Arbeitsgeräte.

Und dann der metallurgische Overkill: Eisen wurde durch verbesserte Bergbautechniken und Massenproduktion immer preiswerter in der Herstellung und deshalb umfangreicher genutzt. Der Preis für Roheisen fiel über die Jahrhunderte weiter und wurde, was früher nur dem Adel und dem wohlhabenden Bürgertum vorbehalten war, auch für den einfachen Handwerker, Bürger oder Bauern erschwinglich. Sie ließen sich daraus Pflüge, Hufeisen, Türangeln, Radreifen, Nähnadeln, Ackerwerkzeuge und tausende nützlicher Utensilien anfertigen. Aber vor allem: Nägel. Nägel in allen Formen und Längen, welche heute einen Großteil der Funde von Sondengehern darstellen und ebenso für einen Großteil frustrierter Schatzsucher der Grund sind, die Schatzsuche an eben diese massenhaft gefundenen Nägel zu hängen und sich fortan dem frustfreien Anbau von Grünkohl oder ähnlichem zu widmen. Mit der industriellen Revolution erhöhte sich die produzierte Menge des Eisens sprunghaft und weitere Metalle wie **Nickel, Aluminium, Stahl, Chrom, usw.** wurden entwickelt. Eine immense Menge an bearbeiteten Metallen entstand. Ein Großteil wurde wiederverwertet. Doch über die Zeiten landete viel Metall dort, wo sich schon die Relikte aus den vorherigen Jahrhunderten befanden: im Boden.

←
Seltene karolingische Goldfibel.

Und nicht nur im Boden, den Weg in die Tiefen der **Ozeane und Gewässer** fanden Metalle, Edelmetalle und Schätze meist durch **Havarien und Unglücke.** Wirbelstürme und Monsterwellen versenkten Schiffe, Navigationsfehler führten Schiffe in Untiefen oder auf Riffe. Bösartige Strandräuber lockten Segler auf Sandbänke und Klippen. Aber auch Stürme, Tsunamis und Hochwässer schlugen an Land und Küste zu, überschwemmten Städte und spülten Werte ins Meer. Der höchste jemals gemessene Tsunami ereignete sich in der zum Glück menschenleeren Lituya Bay in Alaska. Bis auf 520 Höhenmeter knickte der Tsunami Bäume und spülte Erdreich ab. Stell Dir mal das in der Ostsee vor. Bis München wäre Deutschland überschwemmt, von Kassel guckte gerade noch der Herkules raus und halb Deutschland würde beim Ablaufen des Wassers ins Meer gespült werden.

In Kriegszeiten, und Kriege wurden laufend geführt, wurden Schiffe mit Mann, Maus und Ladung von U-Booten, Schiffsartillerie, Landgeschützen oder später Flugzeugen auf den Grund geschickt. Mit ihnen versanken Fluchtkapital, Bankwerte, Reisebudgets, Werte und Ladungen verschiedenster Art.

In den stillen Wassern der Seen und in den Flüssen verschwanden die Dinge, die verschwinden sollten. **Müll, Diebesgut, Waffen, Ausrüstungen, Nazidevotionalien.** In keltischer und römischer Zeit auch Opfergaben an die Flussgötter wie Schwerter, Opferbeile, Münzen und Statuetten. Vor den Zeiten der wöchentlichen Müllabfuhr war es in den frostigen Wintern gang und gäbe seinen Müll, – bis hin zum 1936 Mercedes – wie ich selbst im lauschigen Kochelsee feststellen konnte, auf den vereisten Seen abzuladen. Mit der Frühlingswärme wurde der Schrott dann entsorgt: Müllabfuhr vollautomatisch und kostenfrei.

3.200.000 KG GOLD UND SILBER WARTEN AUF DICH!

Doch zurück zu den 3200 Tonnen Edelmetallen in deutschen Böden. Versteckt und verborgen in den 357.386 Quadratkilometer Fläche der Bundesrepublik.

Lass uns mal ein bisschen rechnen. Ziehen wir 15 Prozent unzugängliches Gelände wie Berge, militärische Übungsgebiete, Stadtzentren, usw. ab, bleiben 301.000 Quadratkilometer übrig. 3.200.000 Kilogramm Edelmetalle verteilt auf 301.000 Quadratkilometer ergeben rechnerisch rund 10 Kilogramm. **Also 10 Kilogramm und ein paar Zerquetschte an Edelmetallen pro Quadratkilometer.**

Stell Dir das mal vor: 10 Kilogramm wertvolle Metalle in Form von Münzen, Schmuck, Familiensilber, Barren, Silber-Geschirr, Kerzenleuchtern, Silberplatten, sakralen Gegenständen und sonstigen Wertgegenständen pro Quadratkilometer! 1000 x 1000 Meter. Eine Million Quadratmeter. Hört sich viel an, ist aber überschaubar. Bei acht Stunden Suche am Tag läufst Du geruhsam täglich um die 25 Kilometer, 25.000 Meter. Mit einer Sondelbahn von zwei Metern Breite schaffst Du also, ohne groß nach den Funden zu graben, 50.000 Quadratmeter pro Tag. Die Million durchsondelst Du mit einem guten Detektor in der Regel in einem Monat Vollzeit bei 20 Tagen suchen und 10 Tagen ausgraben.

Pi mal Daumen werden sich die Edelmetalle bei Deinen Funden auf 98 Prozent Silber und 2 Prozent Gold verteilen.

Gold hat momentan einen Kilopreis von fast 50.000 Euro. Es stecken dann, wie oben gezeigt, rechnerisch 200 Gramm Gold und 9800 Gramm Silber, unsere 10 Kilogramm Edelmetalle, pro Quadratkilometer im Boden. Natürlich ist das Gold kein Reingold mit 24 Karat, sondern »verdünntes Gold« in Form von Schmuck, Münzen, Barren, Vergoldungen, usw. Gehe ich von einem Goldgehalt von 12 Karat aus, sind es statt 200 Gramm nur noch 100 Gramm reines Gold. Das hat einen Wert von 5000 Euro. Und dann noch fast zehn Kilo Silber.

Der Materialwert von **Silber liegt momentan weit unter Gold, bei ca. 600 Euro das Kilogramm.** Schmelzen wir die Silberkilo zum Klumpen, ist dieser bei 50 Prozent Silbergehalt um die 3000 Euro wert. Das wären schon 8000 Euro Monatsverdienst, brutto. Jetzt addiert sich aber noch der historische Wert dazu. Da kann schon mal ein einziger silberner Denar aus der römischen Kaiserzeit 500 Euro wert sein, oder ein Brakteat aus Meißen, geprägt im Frühmittelalter, stolze 300 Euro im Münzhandel erzielen. Und ein papierdünner Haller Heller mit nur einem halben Gramm Silbergewicht wird mit 40 Euro und mehr zum Aufruf kommen. Die 9800 Gramm Silber pro Quadratkilometer als Haller Heller, geprägt im 13. Jahrhundert, würden mit schwindelerregenden 784.000 Euro auf Deinem Bankkonto erscheinen. Für silberne Maria Theresia Taler von 1740 lassen sich bei einem Münzgewicht von 28 Gramm für 10 Kilogramm immerhin noch bis zu 31.500 Euro erlösen.

Neben den Münzen haben, je nach Verarbeitung, Hersteller, Alter und Erhaltung, auch Schmuck, Silbergeschirr, Schnallen, Beschläge, sakrale Gegenstände, ja, sogar Knöpfe und Hufeisen einen historischen Wert, der deutlich über dem Materialwert liegt. Und auch die Beifunde solltest Du nicht vergessen. **Wo römische Silbermünzen liegen, sind meist römische Messing-, Kupfer- und Bronzemünzen nicht weit.** Wo eine silberne Gewandfibel auftaucht, könnte sich auch die silberne Plastik einer römischen Hausgottheit, ein Schutzmedaillon oder ein silbernes Essgeschirr befinden.

←
Wehe den Besiegten. Mit Mann, Maus und Schatz auf dem Meeresgrund.

Wohlstand durch Schatzsuche?

Wink' Deinem Chef »Arrividerci«

Alles in allem also mindestens 8000 Euro pro Monat, aber erwartbar zwischen 8000 bis 12.000 Euro bei einer Karriere als Schatzsucher in Vollzeit.

Wenn das denn so ist, warum kündigt dann nicht jeder dritte ausgebeutete Arbeitnehmer seine Festanstellung und erwedelt zukünftig den Lebensunterhalt mit dem Metalldetektor? Mehr Spaß als mit dem nervigen Chef dürfte das ja allenthalben machen.

Mindestens 8000 Euro monatlich hören sich gut an, ist es auch, hat aber einen Haken. Denn nur mit Gewinnen zu rechnen, ist ziemlich blauäugig. **Denn Du hast auch Kosten. Und das nicht zu knapp.** Zunächst brauchst Du Ausrüstung. Die kostet gutes Geld und je besser die Ausrüstung, desto mehr Geld. Du brauchst verschiedene Sonden wie Oberflächensonden, Tiefensonden, Wassersonden mit verschiedenen Systemen wie Pulsinduktion, VLF oder Magnetometer. Vielleicht ein Side-Scan Sonar für die Wassersuche. Ein Auto, idealerweise mit Allradantrieb, denn Du wirst unwegsame Gebiete anfahren. Ein E-Bike, um schnell und mit geringer Anstrengung Suchgebiete weitab vom Schuss zu erreichen. Und vieles, leider meist Teures mehr.

Und dann gilt: Schätze verteilen sich nun mal nicht gleichmäßig in der Fläche, sondern sind kumuliert, treten also meist in Häufungen auf. Ein verlorener Geldbeutel verteilt sich nicht von selbst auf einem Quadratkilometer, ein vergrabenes Silbergeschirr wandert nicht im Boden bis es die statistische Funddichte erreicht hat. Es kann also durchaus geschehen, dass Du ein Jahr auf 12 Quadratkilometern suchst, nichts findest, da 120 Kilogramm Silber und 2 Kilogramm Gold in einem Fürstengrab auf Quadratkilometer 13 liegen.

Pech oder Glück liegen manchmal nicht weit auseinander.

Dazu wollen viele größere und kleinere Nassauer an Deinen Funden teilhaben. In Bundesländern mit Schatzregal schmelzen Deine historischen und auch wertvollen Funde meist zu einem herzlichen »Vergelts Gott« des Amtsarchäologen oder Museumskurators zusammen. Im Museum, sollte

Dein Fund ausgestellt werden, gibt es dann noch ein Messingschild gratis mit Deinem Namen als Finder drauf. Meist nicht mal das. Wahrscheinlicher ist allemal, dass der Fund in einem Archiv oder Museumsdepot verschwindet, um alle Jubeljahre herausgekramt, abgestaubt, angeschaut, vielleicht kurz angestaunt und wieder eingelagert zu werden. In den Ländern ohne Schatzregal will normalerweise der Grundstückseigentümer auf Basis der Hadrianischen Teilung die Hälfte Deiner gefundenen Preziosen.

Hast Du dann noch das Pech, dass ein Zeitgenosse einen Eigentumsanspruch an Deinen Fundstücken nachweisen kann, dann musst Du versuchen, von den **drei bis fünf Prozent des Finderlohnes** den nächsten Monat bei trocken Brot durchzustehen. Und dann gibt es noch unvorhergesehene Anspruchsteller. Ein US-Gericht entschied am 21. September 2011 gegen die Schatzsucherfirma Marine Odyssey, dass es den 2007 in einem Schiffswrack gefundenen Goldschatz an Spanien übergeben muss, da er in spanischen Hoheitsgewässern gefunden wurde.

Immerhin einen Lichtblick gibt es: Das Finanzamt lässt Dich in Ruhe, denn Schatzfunde sind steuerfrei!

Lohnt also die Jagd nach verlorenen Schätzen? Vielleicht träumst Du sogar von einem Fulltime-Job wie Mel Fisher, dem Finder der »Atocha«, oder Tommy Thompson, dem Entdecker der »Great Eastern«? Das musst Du selbst entscheiden. **Schatzsuche ist harte Arbeit, Recherche ist teuer, Du musst immer am Ball bleiben, brauchst massenweise Ausrüstung.** Narrt Dich Fortuna und wirst Du nicht fündig, musst Du trotzdem weitermachen, keine Arbeitslosenversicherung fängt Dich auf. Du wirst unverdrossen eine neue Theorie zu Verbringung und Lage des gesuchten Schatzes entwickeln und wieder von vorne beginnen. Ich weiß, wovon ich rede. Seit fünfzehn Jahren versuche ich die Reste des Reichsbankgoldes am Walchensee zu finden. Die Suche führt mich jeden Monat in das Suchgebiet um den See. Die Recherche hat mich darüber hinaus ins Militärarchiv nach Freiburg zum Studium von Kriegstagebüchern, ins bayerische Staatsarchiv zur Einsicht in Vernehmungsprotokolle und um halbe Welt, bis in die Vereinigten

Schatzfunde sind steuerfrei!

Staaten geführt, um dort noch die letzten lebenden Zeitzeugen zu interviewen. Und die Suche verlangt zusätzlich nach teurer Technik und fordert Hirnschmalz. Gefunden habe ich trotz des Aufwands neben Wehrmachtschrott nur einige Flaschen wertvoller Weine. Trotzdem geht es im nächsten Jahr wieder los. Neue Informationen aus den USA schicken mich in ein anderes Gebiet am Walchensee.

Und warum mache ich das? Weil ich mich gerne mit der Historie beschäftige. Weil ich neugierig bin, weil es Spaß macht, weil es inspiriert, **weil es dem täglichen Leben Würze verleiht, mit eigenen Ideen auf den Spuren von Schätzen zu jagen.** Und weil es vergnüglich ist, dass die Suche in großartiger Natur, bergauf, bergab, mit gesundem »Waldbaden« fernab ausgetretener Wege mit einiger Wahrscheinlichkeit zu einem verlorenen Schatz führen kann.

In diesem Buch werden Dir 35 ungehobene Schätze vorgestellt. 35 Chancen, einen Volltreffer zu landen und eines der großen Rätsel der Schatzsuche zu knacken. Weltweit, aber mit Schwerpunkt Deutschland, Schweiz und Österreich. Vollgepackt mit Tipps und Tricks zur erfolgreichen Jagd auf verlorene Schätze.

Schätze, die Ritter, Adelsleute, Piraten, Ganoven, Flüchtlinge, Nazis, Kelten oder Römer vor langer Zeit versteckt haben. Manches ging dabei für immer verloren, verbrannte in Feuerstürmen oder wurde auf verschlungenen und auf nicht immer legalen Wegen in die Hände neuer Eigentümer gebracht. Viele Schätze aber konnten von ihren ehemaligen Besitzern nicht mehr geborgen werden und warten wohl noch heute auf ihre Entdeckung. Vielleicht durch Dich. **Gruselige und spannende Sagen und Mythen ranken sich um die verlorenen Reichtümer.** Sie geben Dir die Hinweise auf mögliche Verstecke.

Doch wie findest Du einen dieser Schätze? Einige lassen sich zum Teil historisch belegen. Ab und an tauchten vielleicht auch einzelne Kostbarkeiten auf, wie Stücke des am Kriegsende verschwundenen Bernsteinzimmers, der größte Teil blieb jedoch verschollen. Ein Blick in die Inhaltsangabe dieses Buches zeigt Dir, wo in Mitteleuropa noch unentdeckte Reichtümer in Erde, Wasser, Schlick und Schlamm schlummern könnten.

RAN AN DIE SCHÄTZE! ABER WIE?

Bei der Beantwortung dieser Frage wird Dir dieses Buch helfen. Es stellt nicht nur 35 verlorene Schätze vor, sondern stellt auch Überlegungen an, wie Du ihrer habhaft werden könntest und was Du dazu benötigst.

Und das ist erstmal **Ausrüstung**. Da hilft ein Blick ins Internet, »da werden Sie geholfen«. Eine unübersichtliche Zahl von Händlern bietet alle Arten von Schatzsucherausrüstung an. Für alle (Such-)Fälle, für viele (Such-)Probleme.

Bevor Du die Geldkatze zückst und statt dem Goldfieber dem Kaufrausch verfällst, **mach' Dir klar, was Du benötigst.** Bei Indiana Jones war's noch ein Hut, eine Peitsche und ungebrochener Optimismus. Bei Jack Sparrow schon eine Karte, ein Schiff und eine Crew. Die Firma Odyssey Marine Exploration punktet mit einem mehrere Millionen teuren Ortungs- und Bergungsequipment. Als Aktiengesellschaft gelistet, WKN: A2AEZV, kannst Du sogar Anteile daran erwerben und Dich gemütlich im

Grundausstattung für den Schatzjäger

SUCHTIPP

Endhaltestellen der Straßenbahn

Ein Sondengeher bei München sucht nach diesen in der Not versteckten Horten. Er hat sich auf die alten Trambahnendstationen rund um München spezialisiert. Warum die Trambahn? Ende des zweiten Weltkriegs legten die Bomberströme der Alliierten die Stadt in Schutt und Asche. Verstecke im Haus oder Stadtgebiet waren höchst unsicher. Abends war das Stadtviertel nur noch ein Ruinenfeld und die Wertgegenstände unter Tonnen von Schutt begraben. Wohin mit den Preziosen? Zum Onkel aufs Land? In den Tresorraum der Sparkasse? Alles unsicher, der Onkel ist plötzlich dement, der Banktresor kann ebenfalls ein Opfer der Brandlohen der Bombardierungen werden. Also fuhren die leidgeplagten Münchner hinaus ins Umfeld, um dort **in den tiefen Wäldern rund um München** ihre Wertgegenstände zu vergraben. Aus diesem Grund zieht der Schatzsucher aus München einen **zwei Kilometer Radius um die alten Endbahnhöfe** der Straßenbahn auf den Karten von 1945. Stand dort damals ein Wald und gibt es den heute noch, zieht er los. Übrigens äußerst erfolgreich, sodass er schon überlegt, seinen Lebensunterhalt zukünftig nur durch seine Schatzfunde zu bestreiten.

Wirtschaftsteil der Zeitung auf Schatzjagd begeben. Aber Du wirst etwas verpassen. **Den Kitzel, den Spass, das Abenteuer.** Das findest Du nur, wenn Du selbst losziehst und Deinen ersten römischen Denar mit eigenen Händen ausgräbst oder einen Wehrmachtstahlhelm aus einem Schützengraben ziehst. Und dazu, und da beißt sich die Katze in den Schwanz, brauchst Du Ausrüstung.

Bei der Auswahl Deines Equipments kommt es vor allem darauf an, was und warum Du suchst. Hast Du die Absicht nur eine einzige Suche durchzuführen, weil Dich ein Tagebuch, eine Akte oder ein Zeitzeugenbericht neugierig gemacht hat, dann hol' Dir Hilfe vom Profi.

ANMIETUNG VON SUCHTECHNIK

Pro Jahr ruft bei mir eine Handvoll solcher Schatzsucher an. Sie haben erkannt, dass sie Unterstützung brauchen, um ihre Theorien im Gelände zu überprüfen. Ihnen ist es zu langwierig, sich selbst in die Suchtechnik einzuarbeiten. Sie haben keine Lust, viel Geld in teure Suchtechnik zu investieren, welche nur für eine Suche zum Einsatz kommt. Also suchen Sie sich einen Profi, buchen diesen und verzichten dafür auf einen Teil der Funde oder bezahlen Miete fürs Equipment.

Vielleicht denkst Du nun, das ist bestimmt teuer, ich könnte mir ja einfach irgendwo ein Suchgerät ausleihen und damit meine Suche durchführen. Leihgeräte gibt es ja bekanntlich im Internet. Ein guter Gedanke und für **die Suche nach Opas verlorenem Hausschlüssel** im Garten durchaus

Eine Tiefensonde im Einsatz.
↓

tauglich. Bedenke jedoch, Metalldetektion ist ein wenig wie Skifahren lernen. Die Grundtechniken für die Piste sind schnell erlernt, möchtest Du aber eine perfekte Skispur in einen Tiefschneehang legen, respektive ein Areal tiefgründig erfolgreich durchsuchen, brauchst Du Erfahrung.

Eine Sonde zu kaufen ist kein Problem, sie zu beherrschen, erfordert **Übung, Übung und nochmals Übung.** Einen ROV, einen ferngesteuerten Unterwasserroboter, in China zu bestellen, ist eine Minutensache über das Internet. Um damit unter Wasser erfolgreich zu suchen und etwas zu bergen, brauchst Du jahrelange Praxis.
Ein Bodenradar zu bedienen, ist lächerlich einfach. Die aufgezeichnete Bodenstruktur jedoch zu interpretieren, bedarf einer genauen geologischen Kenntnis des Untergrundes und einiger Jahre Erfahrung, um den Farbflächen auf dem Computerbildschirm eine Bedeutung abzugewinnen.

Anders sieht es aus, wenn Du planst, zukünftig die Schatzjagd zum Bestandteil Deiner Freizeit zu machen und immer wieder loszuziehen. Da ist es sinnvoll, sich mit eigenen Geräten auszustatten. Aber mit was? **Die 6-W-Checkliste hilft Dir bei Deinen Kaufentscheidungen.**

Vorausschickend möchte ich schon einmal jedem Schatzjäger einen **Allround-Detektor** ans Herz legen. Als Spaßgerät für spontane Suchen und mit dem der erste Location-Check Deines Schatzsucherprojektes

Eine alte Stadtkarte liefert wertvolle Hinweise. ↓

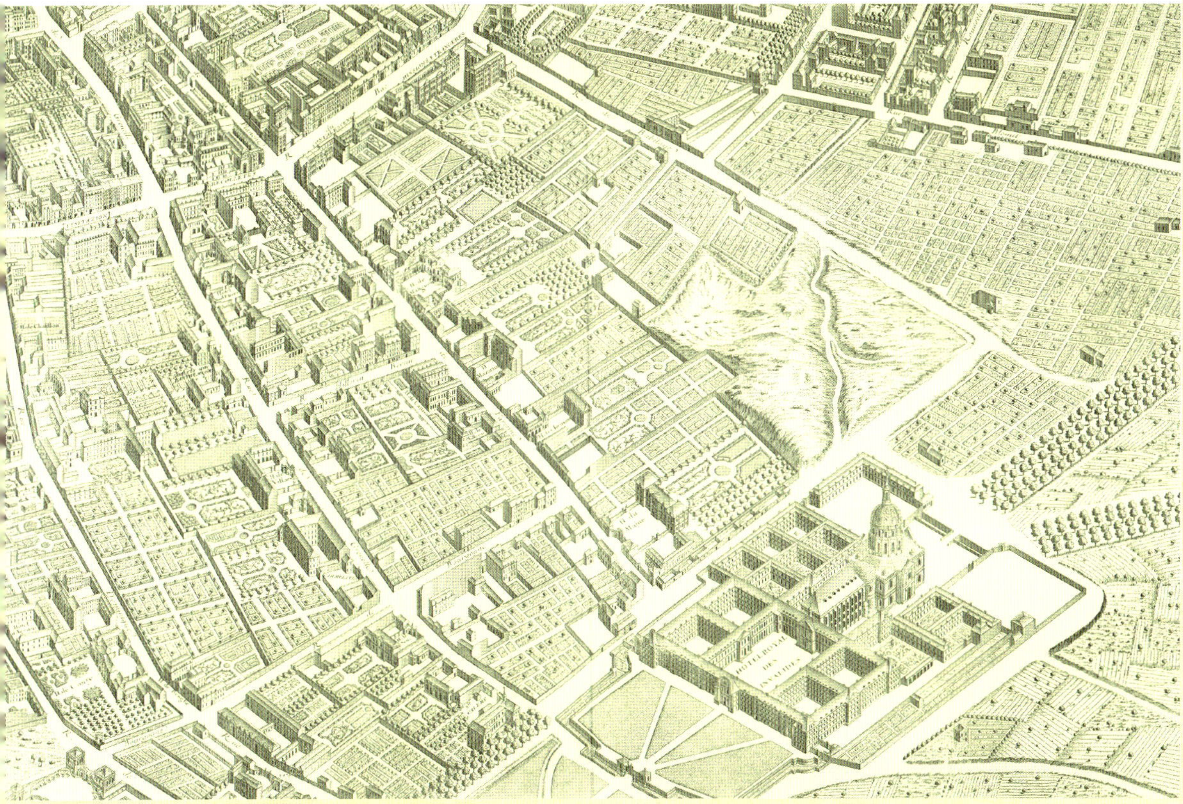

Steinzeitliche Höhlenmalerei: die ersten Kunstwerke der Menschheit.

durchgeführt wird. **Dabei fahndest Du oberflächennah nach sogenannten Leitfunden.** Das sind die Objekte, welche Deine Geschichte oder die Hinweise, die Du erhalten hast, bestätigen.

Jagst Du nach vergrabenem Nazigold, ist es ein gutes Zeichen, wenn Du an der Oberfläche eine zerbrochene Schaufel, Wehrmachtsausrüstung oder Kommissbrotdosen findest. Suchst Du den Motorblock eines abgestürzten Flugzeugs, bist Du schon nah dran, wenn der Boden plötzlich voller Alufetzen aus der Rumpfverkleidung ist.

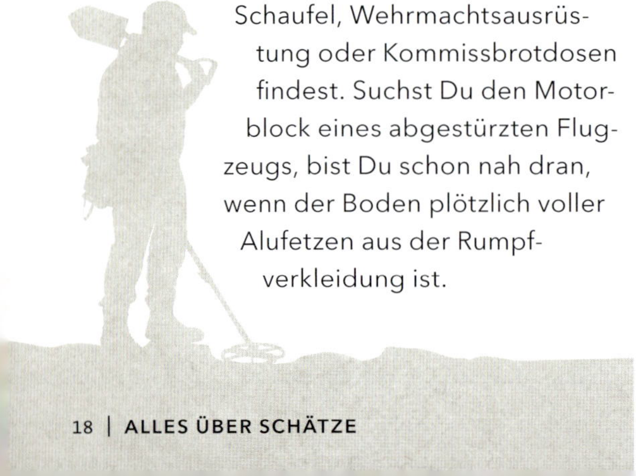

Verborgene Schätze sind scheu.
Sie sind gut versteckt, meist in durchdachten Verstecken, wie jeder weiß, der die »Schatzinsel« von Robert Louis Stevenson gelesen hat. Der oder die Verstecker wollen ja schließlich nicht, dass jeder zufällig Daherkommende den Schatz findet. Doch gibt es eine zweite Kategorie von Schatzhorten, die ungleich leichter aufzuspüren sind. **Die Notverstecke!**

Notverstecke sind leicht zu finden.
Unruhen, Kriege, Überfälle, Verfolgungen, machten **schnelles Verbringen** notwendig. Ein Schatz wird oberflächlich verscharrt, in eine Felsspalte geschoben, in den See geworfen oder im Wald verbuddelt.

SPEKTAKULÄR UND FAST IMMER ZUFÄLLIG: SCHATZFUNDE IN EUROPA

» Die **Höhlen von Lascaux,** in denen die ersten Jagdszenen der Menschheit von Urmenschen an den Höhlenwänden verewigt wurden, waren die Zufallsentdeckung von vier Jugendlichen bei der Untersuchung eines Fuchslochs im Waldboden.

» In Großbritannien verlor 1992 ein Bauer auf dem Feld seinen Hammer. Als er den Hammer nicht wiederfand – und sparsam wie er war, denn neue Hämmer sind teuer – bat er einen Freund, mit einem Metalldetektor danach zu suchen. Doch der fand etwas ungemein Wertvolleres, nämlich ein paar Silbermünzen. Deutlich interessanter als ein Hammer. Also gruben die beiden an der Fundstelle und förderten **silberne und goldene Münzen und antike Gegenstände** zu Tage. Sie verständigten das British Museum in London, das bei der professionellen Ausgrabung half.

» Eigentlich wollte Terry Herbert 2009 nur auf dem Feld seines Freundes nach ein paar alten Münzen suchen. Doch als der Metalldetektor des 57-Jährigen nahe Staffordshire in England anschlug, gruben die beiden mehr als 3500 **historische Gegenstände** aus dem Boden aus – von Münzen über alte Waffen bis zu Gebrauchsgegenständen.

» Ein Sammler aus Pennsylvania kaufte 1989 für nur vier Dollar ein Gemälde auf dem Flohmarkt, von dem er eigentlich nur den hübschen Bilderrahmen wollte. Als er das Bild aus dem Rahmen löste, stellte er fest, dass dahinter eine der 25 Originalkopien der **amerikanischen Unabhängigkeitserklärung** von 1776 befestigt war. Von denen sind nur drei in privater Hand, was sie noch wertvoller macht als das Dokument ohnehin schon ist. Zwei Jahre später ließ der anonyme Finder das Papier versteigern und bekam rund eine Million Dollar.

↗ Frühmittelalterliche Goldmünzen.

Antiker Bronzehelm. ↓

Millionen wert: die Unabhängigkeitserklärung. ↓

← Goldtalerschatz aus Sachsen.

VERLORENE SCHÄTZE WIEDERGEFUNDEN

Das passiert überall auf dem Erdenrund. Schätze werden versteckt, geraten in Vergessenheit und glückliche Finder freuen sich über einen unverhofften Schatzsegen. Auch bei uns in Zentraleuropa:

Der **Schatzfund von Ellwangen**, der die Experten in Aufregung versetzt hat, ist nur ein Beispiel dafür, dass in Deutschland zahlreiche Schätze vergraben und verbuddelt liegen. Sie stammen aus der Römerzeit, von den Kelten, Wikingern, aus dem Mittelalter oder von den Nazis. Der materielle Wert ist meist unschätzbar, der ideelle Wert für die Experten unermesslich.

Der Ellwanger Schatzhort mit seinen 10.000 Silbermünzen ist ein außergewöhnlicher Fund. Gut möglich, dass er zu den größten jemals in Deutschland gefundenen Schätzen gehört. Dass überhaupt eine solche Sammlung aus der Erde gebuddelt wird, ist dagegen gar nicht so selten.

Denn hierzulande tummelten sich **Römer, Kelten, Wikinger, und viele weitere Völker.** Es gab in der Geschichte der letzten 3000 Jahre zahllose Kriege und Auseinandersetzungen, lokale Herrscher, Adelige oder wohlhabende Händler und Bürger ließen ihre Münzen oder ihr Gold aus unterschiedlichen Gründen, oftmals aus Not auf der Flucht, vergraben. Und es gab lange Zeit keine Banken. Nichts, wo Werte sicher deponiert werden könnten, außer Kisten, Truhen, Safes und die Geldkatze. Also wurden Vermögen mitgeschleppt, vergraben, versteckt oder vermauert.

ERDARBEITEN BRINGEN VERSCHOLLENES ANS TAGESLICHT!

Dass vieles gerade in den letzten 100 Jahren wieder aus der Versenkung aufgetaucht ist, ist nicht überraschend. Einerseits macht die Forschung große Fortschritte, so dass Archäologen und Historiker Hinweise geben konnten, wo etwas verborgen sein könnte.

Andererseits hat die technische Entwicklung Quantensprünge erlebt. Modernste Ortungstechnik wie Metalldetektoren, Side-Scan Sonare, Satellitenaufnahmen oder Lidar Scans kombiniert mit historischen Informationen aus alten Karten und Überlieferungen erschließen neue Fundorte.

Darüberhinaus werden auch immer mehr Flächen bebaut, so dass bei Erdarbeiten Verschollenes wieder ans Tageslicht befördert wird. Und schließlich gibt es eine große Zahl von Hobby-Schatzsuchern, die sich teils mit, teils ohne behördliche Genehmigung auf die Suche machen. Deshalb erblicken immer mehr verlorene Schätze das Licht. Doch ist es nur ein Bruchteil dessen, was noch in den Tiefen der Erde vermutet wird.

Und nicht zuletzt gab es das **Dritte Reich,** während dessen Untergang Behörden oder »Nazi-Bonzen« ebenfalls vieles unter der Erde verschwinden ließen – entweder, um sich nach dem Kriege ein sorgenfreies Leben zu ermöglichen, oder um es vor den anrückenden Armeen der siegreichen Alliierten zu retten.

SCHÄTZE VOR DER EIGENEN HAUSTÜR

» Der wohl bedeutendste Fund der letzten Jahre in Deutschland ist die **Himmelsscheibe von Nebra.** Bei ihr handelt es sich um die weltweit vermutlich zweitälteste Darstellung des Himmels. Ihr Alter wird auf ca. 4000 Jahre geschätzt. Vergraben wurde sie vor etwa 3600 Jahren. Ihren materiellen Wert in Euro kann man gar nicht bemessen, der Wert der bei der sachsen-anhaltinischen Stadt Nebra gefundenen Scheibe für Wissenschaftler und die ganze Menschheit ist unermesslich. Nicht umsonst gehört sie zum Weltkulturerbe der UNESCO.

» Im April 2019 war es als archäologische Sensation in den Medien. Ein 13-Jähriger Junge hatte auf der Insel Rügen auf einem Acker einen Schatz entdeckt, der dem **Wikinger-König Harald Blauzahn** zugesprochen wird. Die mehr als 600 Münzen stellen einen fünfstelligen Euro-Wert dar.

Die Himmelsscheibe von Nebra.

>> Eine Million Euro in Gold fanden Bauarbeiter bei Abrissarbeiten in Passau. Versteckt in alten Farbdosen und vergraben im Boden waren **Münzen, Goldbarren und Blattgoldrollen.** Der Schatz wurde in den 70-er Jahren dort versteckt, wie aus den als Verpackungsmaterial verwendeten Zeitungsseiten ersichtlich war.

>> Den Wikingern zugeordnet wird der Schatz, der 2015 auf einem Acker auf der Insel Sylt gefunden wurde. Er besteht aus **180 Schmuckstücken, Barren und Münzen** und stammt vermutlich aus dem 10. Jahrhundert.

Ein Bauer hatte bereits vor Jahrzehnten einen Gegenstand ausgegraben, aber niemanden informiert. Erst als er ihn an einen Arzt verschenkte, informierte dieser die Behörden.

>> **2,6 Kilogramm Goldgefäße, Spangen, Armbänder, Halsringe und Armspiralen.** In der brandenurgischen Stadt Eberswalde wurde 1913 der wichtigste Goldschatz aus der Bronzezeit ausgegraben, der bis heute in Mitteleuropa gefunden wurde. Die Gegenstände stammen aus dem 10. oder 9. Jahrhundert vor Christi und damit aus der Zeit der mitteleuropäischen Spätbronzezeit. Der Schatz wird seit dem Ende des Zweiten Weltkriegs von der früheren sowjetischen und heutigen russischen Regierung als Beutekunst beansprucht und in einem Geheimdepot in Moskau aufbewahrt. Im Berliner Neuen Museum wird eine Kopie gezeigt.

>> In Syke, in der Nähe der niedersächsischen Stadt Diepholz, wurde 2011 ein ähnlich spektakulärer Fund wie gemacht: der **»Goldhort von Gessel«.**

In Kriegszeiten wurde der Familienschmuck oft im Garten vergraben.
→

Rund 3300 Jahre, also fast so lange wie die Himmelsscheibe von Nebra, lagen die 117 Stücke – verschiedene Arten von Fibeln, Spiralen, Ringen und Nadeln mit einem Gesamtgewicht von 1,7 Kilogramm – unter der Erde. Vermutet wird ein Händlerhort, da auch halbfertige Armreifen Bestandteil des Schatzes waren. Preisgegeben hatte die Erde den Schatz nur per Zufall während archäologischer Untersuchungen für den Bau einer geplanten Gaspipeline.

↑ Römische Goldmünze.

>> 2014 grub ein illegaler Ausgräber den »Barbarenschatz von Rülzheim« dilettantisch aus, sodass vermutlich wertvolle Gegenstände zerstört wurden.

Er besteht unter anderem aus goldenen Verzierungen, die vermutlich zu einem prunkvollen Gewand gehörten, einem **Silberteller, einer Silberschale, Silberstatuetten und den Resten eines Klappstuhls.** Zeitlich ordnen Experten die Gegenstände in die Zeit der Völkerwanderung im 5. Jahrhundert ein.

>> Genaugenommen handelt es sich bei einem weiteren Fund, auf den ein Hobby-Schatzsucher 2014 stieß, natürlich nicht um Gold der Nazis. Tatsächlich stammten die 217 Münzen aus der Zeit zwischen 1813 und 1910, waren also vergleichsweise jung. Aber sehr wahrscheinlich hat irgendein Nazi-Bonze diese Münzen bei Kriegsende irgendwo gestohlen, sie dann vergraben, um sie später wieder zu holen. Warum es dazu nicht kam, ist unbekannt.

>> Erst 2017 gab die Erde im niedersächsischen Kalkriese nach 2000 Jahren **rund 200 römische Silbermünzen** wieder preis, auf denen die kaiserlichen Prinzen Gaius und Lucius Caesar abgebildet sind. Der Fundort war kein Zufall, denn sehr vieles spricht dafür, dass an dieser Stelle die legendäre Varusschlacht stattgefunden hat, in der ein germanisches Heer unter Hermann dem Cherusker die Römer besiegt hat.

>> Im August 1999 wurden im bayerischen Manching bei Bauarbeiten 451 Münzen gefunden. Sie entpuppten sich als von Kelten gefertigte **Münzen aus dem 2. oder 1. Jahrhundert vor Christi.** Aufgrund der großen Zahl der Fundstücke gehen Experten davon aus, dass sie einem keltischen Herrscher zuzuordnen sind.

>> Trier ist ja als römische Stadtgründung bekannt. Noch bekannter wurde es 1993, als **2650 römische Aurei** mit einem Gesamtgewicht von beeindruckenden 18,5 Kilogramm Feingold durch Sondengänger auf einer Baustelle gefunden wurden. Unglaublich war dabei, dass ein Teil des Münzschatzes bereits in einer Aushubdeponie »entsorgt« worden war.

>> Eher in den Bereich der Mythen gehört die Geschichte eines **»Cognac-Bombers«:** Im Zweiten Weltkrieg stürzte demnach ein entsprechend beladenes Flugzeug über dem Bodensee ab – auf dem tiefen Grund lagern angeblich noch die Kisten mit jahrzehntealtem Cognac.

ACHTUNG SCHATZFIEBER!

Machen diese Geschichten nicht Lust, selbst loszuziehen und verlorene Schätze zu entdecken? Aber piano, nicht gleich losstürzen und mit der Sonde im Wald wedeln! Im Vorfeld einer Schatzsuche solltest Du unbedingt einige Dinge bedenken und mögliche Szenarien durchspielen.

Die Recherche und der Suchansatz wollen geplant sein. Welche Ausrüstung muss beschafft werden? Betrifft Dein Sondeln Gesetze und Paragraphen und insbesondere: Was musst Du im Fundfall beachten?

Deshalb beginne ich hier, noch bevor Du Dich vielleicht auf die Jagd nach einem der verlorenen Schätze machst, mit der drögen Theorie. Dich erwartet ein Überblick über die Ausrüstung eines Schatzjägers. **Tipps und Tricks erleichtern Deine Recherche und Quellensuche.** Wo und wie organisierst Du den Feldeinsatz und last but not least begleite ich Dich in den Paragraphendschungel. Dort warten viele Stolpersteine und auf den unerfahrenen, bisweilen sogar naiven Sondler, wie der Barbarenschatz von Rülzheim gezeigt hat.

Der blauäugige Finder hat damals seine Funde in Internetforen veröffentlicht und damit die Ermittlungsbehörden auf den Plan gerufen, welche ihm flott den Schatz abnahmen und ein Strafverfahren einleiteten.

Auch einige legendäre Schätze lernst Du hier kennen. Schätze und Schatzgeschichten, die jedem Schatzsucher eine wohlige Gänsehaut bescheren, denn insgeheim denkt ein jeder, ich und Du sicherlich eingeschlossen: Wenn schon so viel über einen Schatz bekannt ist, kann es doch nicht so schwer sein, diesen Schatz zu finden.

Da hat bisher nur einer gefehlt, wie meine Wenigkeit, der kühlen Kopfes und sehenden Auges, ausgestattet mit modernster Technik wie Lidar, Computertechnik und Satellitenbildern sowie überragender Suchtechnik in Form von Bodenradaren, Side-Scan Sonaren oder Magnetometern über den Acker spaziert, und schon hüpft der Schatz quasi von selbst aus dem Boden.

Glaub nicht, das hätten nicht schon andere versucht, und glaub auch nicht, die wären dümmer gewesen.

Suchgruppe für eine Flächensuche.
↓

GLAUBENSBEKENNTNIS DER SCHATZSUCHER: »NICHTS IST FÜR IMMER VERLOREN«

Wenn Du jetzt auf den Geschmack gekommen bist und dem Credo der Schatzsucher aus vollem Herzen zustimmen kannst, lade ich Dich ein in das Know-how der Schatzsuche einzutauchen.

Die Böden und die tiefen Gewässer Mitteleuropas verbergen und konservieren seit Jahrtausenden die Zeugen der Vergangenheit. Manches davon, meist Organisches, vergeht mit der Zeit. Einiges, meist Metallisches, blieb erhalten und wird von ambitionierten Hobbyforschern wieder ans Tageslicht befördert.

In den folgenden Kapiteln liefere ich Dir das nötige Wissen, um ein erfolgreicher Sucher zu werden ...

... um dann, irgendwann, Deine erste Goldmünze aus dem jahrhundertelangen Dunkel zu bergen.

Gut Fund!

Oberflächensuche mit dem Allrounddetektor.

inch mm
6"
150
5"
125
GP-POINTER

Die passenden Suchgeräte

Nun geht es ans Eingemachte. Möchtest Du auf Schatzjagd gehen, solltest Du Dich mit angemessener Ausrüstung ausstatten. Das müssen jetzt nicht gleich ein Bodenradar, Drohne, Infrarotkamera, Side-Scan Sonar und ein Kleinbagger sein. Wenn Du jedoch über genügend Kleingeld verfügst, kann das jedoch auch nicht schaden. Doch bedenke: Die meisten Schatzsucher werden schnell ihre Geldkatze überfordern, wenn gilt: »Wer mit dem meisten Spielzeug stirbt, hat gewonnen.«

Besser und Budget-schonender ist, wenn Du Deine Ausrüstung nach Deinem Suchprojekt ausrichtest. Denn jagst Du das Bernsteinzimmer, wird vorrangig ein Computer mit schnellem Internet und hoher Downloadrate Dein wichtigstes Suchinstrument sein, neben der Bereitschaft, eine erkleckliche Summe in einen Berg Akten, Niederschriften, Dokumenten und Protokollen zu investieren.

←
Basisausstattung
für die Outdoorsuche.

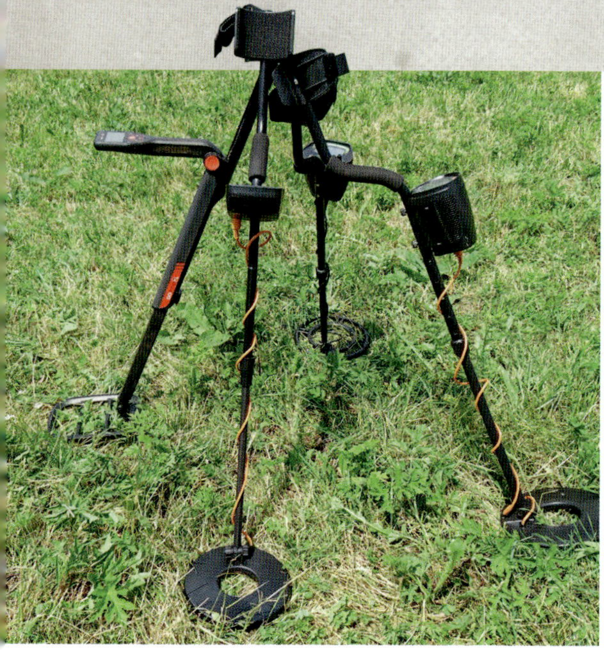

Steht Dein Verlangen nach den Schätzen der Brüder Sass, wirst Du einen guten Detektor und bequeme Wanderschuhe für die Erforschung des Grunewalds benötigen. Möchtest Du das Kurfürstensilber bergen, wirst Du Dich in einen Taucheranzug quetschen müssen und mit einer Unterwassersonde über das Flussbett des Inns wedeln.

Der Kern Deiner Ausrüstung ist aber in den meisten Fällen ein **Metalldetektor.** Das Gerät hilft Dir, Deine Theorien vor Ort zu überprüfen, entweder durch die direkte Suche nach den Werten, oder auf der Jagd nach Leitfunden.

Aktenstudium braucht viel Geduld. ↓

↑ Drei Anfänger-Detektoren.

Kein Freund von Technik?
Nutz' einen Erdspiegel!

Die althergebrachte Alternative zum Detektor ist der Erdspiegel. Bevor die Hochtechnologie Einzug ins Schatzsucherleben hielt, halfen sich mittelalterliche Schatzjäger mit selbstgebauten Erdspiegeln. Wie der Name nahelegt, erlaubt das Gerät den Blick auf Schätze, Edelmetalle und Mineralien in den Tiefen der Erde. Die Herstellung ist von Christian L. Wucke detailliert beschrieben worden und einfach nachzubauen:

> *»Um einen Erdspiegel zu erhalten, muss man einen Schiebespiegel kaufen, ohne zu feilschen, dann nachts um elf Uhr nackt über die Kirchhofmauer springen und ein Loch in das Grab einer am Karfreitag begrabenen Wöchnerin machen. In dieses Loch steckt man den Spiegel, das Glas nach unten, und entfernt sich dann im Namen Gottes, rückwärtsgehend, die Augen auf das Glas gerichtet. In der dritten Nacht zieht man – wieder nackt – den Spiegel in Dreiteufelsnamen heraus, drückt ihn fest an dich, geht rückwärts weg, und springt wieder über die Kirchenmauer.«*

Nun ja, damals glaubte man auch, die Sonne drehe sich um die Erde, und die Erde wäre eine Scheibe.

MEISTGESUCHT: DER PASSENDE METALLDETEKTOR

Auf den Metalldetektor kannst Du nicht verzichten, wenn Du zur Jagd auf verschollene Schätze bläst. **Er gehört zur Schatzsuche einfach dazu** wie die Sonne zum Wetter oder der Nagel zum Hammer. Schatzsuche ohne Metalldetektor ist nur Oberflächensuche, vulgo »Augensuche«. Aber welcher gefallene Fürst, vorsichtige Römer oder plündernde Ritter hat schon seine Schätze auf der Wiese oder dem Acker einfach ober-

HIRNEN VOR HANDELN!

Zu Beginn jeder Schatzsuche entwickelst Du aus den vorliegenden Informationen eine Theorie. Du versuchst so viel Informationen wie möglich zu sammeln und daraus einen Suchansatz zu extrahieren.

Denk an Schliemann und seinen Schatz des Agamemnon! Schliemann entwickelte die Theorie, die »Ilias« sei keine Fiktion, sondern eine akribische Beschreibung von Vorfällen und Orten. Also folgerte er, Troja und der trojanische Krieg und sogar das Trojanische Pferd seien keine Saga. Er fing an, dort zu suchen, wo er ein Gelände fand, das der Sage entsprach, entdeckte Ziegelreste als Leitfunde und dann Troja. Nebenbei hat er den wahren Kern der »Ilias« bewiesen. Leitfunde bestätigten seine Theorie wie sie auch Deine bestätigen werden.

Bist Du auf der Jagd nach einem Schatz aus dem 14. Jahrhundert, sind es vielleicht handgeschmiedete Nägel oder ein verrosteter Kistenbeschlag aus Schmiedeeisen, der auf das Mittelalter hinweist.

Steht Dein Begehr hingegen nach Goldbarren der Reichsbank aus der Nazizeit, haben die Verbringer möglicherweise Komissbrotdosen, Grabewerkzeugreste oder sogar militärische Ausrüstungsgegenstände als Leitfunde hinterlassen.

flächlich verstreut? Zwar pflügt ein fleißiges Bäuerlein gelegentlich eine Münze oder einen Ring auf die Ackerkrume, den Du bei der Augensuche erspähen könntest, aber diese Chance ist sehr gering. Du solltest also zu einem Metalldetektor greifen, um in die dunklen Tiefen der Erde zu spähen.

Vielleicht als Geburtstagsgeschenk, vielleicht erwirbst Du ihn selbst beim Händler Deines Vertrauens, vielleicht ein Kauf bei eBay oder ein Schnäppchen auf einem Flohmarkt. Egal, woher und welches Modell Du nun Dein eigen nennst, wichtig ist zunächst nur eins: Das Teil muss funktionieren! Und dies erfüllt sowohl das günstige Gerät als auch der High-End-Detektor der obersten Preisklasse. Aber: »Drum prüfe wer sich ewig bindet, ob er nicht noch was Besseres findet.«

Deshalb: Teste das Gerät. Führe es auf Deinem Verdachtsacker spazieren oder bei dem seltsamen Loch im Wald. Schwenk ihn über den angeblichen Bomberabsturz, von dem am Stammtisch geraunt wird und check den Jahrmarktsplatz. Sprudeln im Wald Münzen aus dem Boden oder findest Du Aluminiumbeplankung des abgestürzten »Liberators« hältst Du Deinen nächsten besten Freund im Arm. Natürlich gibt es »optimalere«, meist teurere und »suboptimalere«, meist simplere Metalldetektoren, doch auch mit einem einfachen Gerät kannst Du tolle Funde machen. Also einschalten und raus zum Suchen!

Auf den folgenden Seiten findest Du einen hilfreichen Überblick über Funktion und Markt für Detektoren. Welche Systeme es gibt, welche Detektoren angeboten werden und für welche Suchen sich welche Geräte eignen.

Lehne Dich zurück und schmökere in den Grundlagen der Detektoren-Technik. Denn je besser Du verstehst, was Dein Detektor in den Tiefen der Erde so treibt, desto besser werden auch die Ergebnisse Deiner Suchen nach verlorenen Schätzen ausfallen.

WER DIE WAHL HAT, HAT DIE QUAL: DEIN NEUER BESTER FREUND

Du interessierst Dich für verlorene Schätze? Historische Relikte entzünden Deine Fantasie? Du fragst Dich: Was hat wer hier versteckt oder verloren? Und warum? Vielleicht zieht es Dich auch hinaus in die Natur, möglicherweise bist Du gerne abseits ausgelatschter Wege unterwegs. Sei es, dass Du gerne über frisch gepflügte Äcker stolperst, weil dort angeblich eine ominöse Schatulle vergraben sein soll, sei es, weil Dir am Stammtisch in der Kneipe über geheimnisvolle Opel Blitz LKW der SS zu Kriegsende berichtet wurde, sei es, weil Bekannte von Dir auf dem Weg zur alten Burgruine zufällig immer wieder mittelalterliche Münzen gefunden haben.

Du bist fest entschlossen. Jetzt ist die Zeit gekommen für eine Schatzsucherausrüstung. Und damit einen Metalldetektor. Aber **welcher Hersteller und welches Modell?** China oder Marke? Qualität oder Preis? Und welche Technik? Über 250 teilweise grundverschiedene Modelle buhlen um Dich als potentiellen Kunden – die Qual der Wahl. Zu Deiner Enttäuschung wirst Du schnell feststellen: Den »One-Size-Fits-All«-Detektor gibt es nicht. Ähnlich wie bei Turnschuhen gilt vielmehr: Der Detektor muss passen – er sollte Deinen Suchansprüchen gerecht werden. Für den gelegentlichen Urlaubssondler muss es eben nicht

WÄHLE WEISE DEN DETEKTOR

Als Neuling suchst Du meist nach einem Metalldetektor, der besonders tief geht. In diesem Punkt lügen Dich einige Hersteller schamlos an, denn egal ob billig oder teuer, die Suchtiefe wird in erster Linie vom **Durchmesser der Suchspule** bestimmt.

Vorsicht bei der Suche: Bombengefahr.

Gute Wahl: Orx oder Equinox.

das High-End-Gerät sein. Und bist Du körperlich kein Arnold Schwarzenegger und Deine Schulter und der Arm schmerzen nach fünf Stunden schwenken, wird Dir das Gewicht der Sonde mehr am Herzen liegen als die Tiefenleistung.

Pi-mal-Daumen-Regel für die Suchtiefe: Der Durchmesser der Suchspule entspricht der zu erwartenden Tiefenleistung.

Dabei spielt natürlich die Größe des verborgenen Objektes eine Rolle. Einen massiven Stahlträger findet eine 30-Zentimeter-Spule auch in einem Meter Tiefe, ein hochkant stehendes 1-Cent-Stück dagegen nur bis 15 Zentimeter. Und darüber hinaus: Auch das Zusammenspiel entscheidet. **Nicht nur die Elektronik ist wichtig, auch die Anbauteile tragen zu Leistung oder Komfort bei.** Wer z. B. schon ein Schwingi (Halstragegurte für den Detektor) ausprobiert hat, kann sich bei der Suche entlasten.

Spulengröße ist Tiefe.

Deshalb sind Suchspulen das A und O für eine erfolgreiche Suche und ein wesentliches Bauteil eines Metalldetektors. Eine Vielzahl von Modellen erwarten Dich als Käufer. Spiderspulen spüren kleinste Münzen und winzige Nuggets auf, gehen aber nicht tief in den Untergrund. Die **Standardspule**, welche mit dem Detektor geliefert wird, ist ein Kompromiss zwischen Tiefe und Empfindlichkeit und für die meisten Sucheinsätze völlig ausreichend.

Mit größeren Spulen suchst Du schneller Flächen ab, verlierst aber mit zunehmendem Durchmesser an Kleinteilempfindlichkeit. Die unhandlichen 1 x 1 oder 2 x 1 Meter Spulen spähen bis zu 8 Meter in die Erde, müssen aber meist von zwei Personen bedient werden und detektieren Objekte verlässlich erst ab der Größe eines Hufeisens. Einzelne Münzen oder Schmuckstücke haben hier keine Chance, erfasst zu werden.

> **KLEINTEILE-SUCHE**
>
> Suchst Du kleine Objekte wie Nuggets, Gold- oder Silbermünzen oder Ohrringe, greif zu kleinen Spulen, sogenannten **Spiderspulen**. Je größer eine Spule gewählt wird, desto größer ist auch die Suchtiefe, aber es sinkt die Kleinteile-Empfindlichkeit.

Greif zur Doppel-D Suchspule!

Wer leistungsfähige Spulen sucht, welche deutlich tiefere Bodenschichten erreichen, sollte darauf achten, Doppel-D Spulen zu erwerben. Mit der trickreichen Wickelung einer Sende- und einer Empfangsspule haben es die Hersteller ermöglicht, die Tiefenleistungen der Standardspule zu verbessern.

Neben der Standardspule empfehle ich Dir eine **Kleinteile-Spule, sowie eine Großspule** für die Flächen- und Tiefensuche.

Achtung: Kabelbruch!

Spulen haben einen eindeutigen Schwachpunkt. Dieser heißt Kabelbruch und tritt an der am meisten belasteten Stelle, der Kabeldurchführung in den Spulenkörper auf. Das macht der Spule den Garaus. Die **Reparatur ist schwierig bis unmöglich,** da das Kabel meist mit der Spule fest vergossen ist und nicht entfernt und durch ein neues ersetzt werden könnte. Bringe deshalb das Spulenkabel niemals unter Zug oder setze es einer dauernden Knickbelastung aus. Das Kabel sollte also einerseits keinesfalls frei durchhängen, andererseits aber ebenso wenig fest am Gestänge fixiert, sondern lediglich **locker um das Gestänge gewickelt** sein, um dem Spulenkopf genügend Bewegungsspielraum zu gewähren und Zug sowie Knickbelastungen des Kabels zu vermeiden.

Pfiffig umgeht der französische Detektor Hersteller XP dieses Problem indem seine Detektoren kabellos sind. Weder Spulenkabel noch Kopfhörerkabel stören bei der Suche, dank einer Funkverbindung zwischen Steuergerät und Spule. Einige Hersteller wie Ground EFX verlegen das Spulenkabel in das Gestänge des Detektors.

↑
Einfache Standardspule.

Tiefer und empfindlicher: die Doppel-D Suchspule.
↓

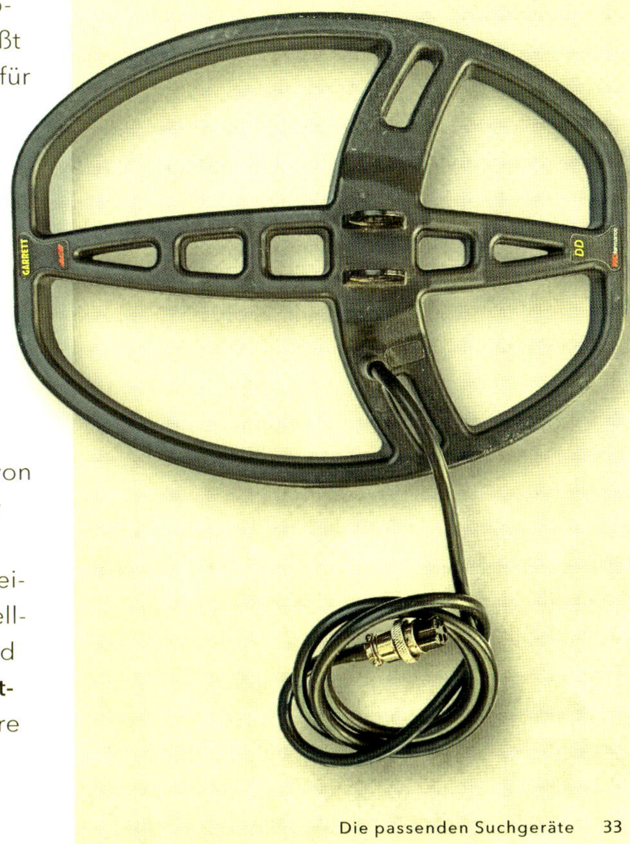

Schütz Deine Spule.

Vergiss keinesfalls den **Spulenschutz**. Dieser verhindert Beschädigungen der Spule beim Schwenken. Es ist unvermeidlich, dass Du ab und zu einen Stein, versteckt im hohen Gras, ungewollt touchierst. Dann heißt es, lieber ein gebrochener Spulenschutz für zwanzig Euro als eine gebrochene Spule für zweihundert Euro.

WOHER DEN DETEKTOR NEHMEN?

Den erstbesten günstigen Metalldetektor gebraucht bei eBay zu ersteigern oder Dir von einem geschäftstüchtigen Händler ein Gerät aufschwatzen zu lassen, ist sicher die falsche Herangehensweise. Andererseits macht es auch keinen Spaß, sich wochenlang mit Hilfe von Testberichten in die Leistungsparameter der verschiedensten Metalldetektoren einzuarbeiten, eine **Checkliste** auszuarbeiten, diese mit dem umfangreichen Modellangebot abzustimmen und darauf fußend eine **fundierte und durchdachte Kaufentscheidung** zu treffen. Also müssen andere Informationsquellen konsultiert werden.

AUGEN AUF BEIM SPULENKAUF!

Kauf die Spulen nicht blind! Die meisten Spulen sind auf einen Detektortyp abgestimmt und lassen sich nicht auf einem anderen Metalldetektor-Modell verwenden. Schließe niemals, auch nicht zum Testen eine unpassende Spule an einen Detektor an, auch wenn der Stecker auf den ersten Blick passend erscheint. Im schlimmsten Fall brennt Dir die Spule durch, während die Elektronik abraucht. Ein Totalverlust. Weder wünschenswert noch sparsam. Wem das passiert und seine Finanzen schonen möchte, kann beim Neukauf auf die originalen Herstellerspulen verzichten. **Markenspulen sind teurer.** Die Firma Detech beispielsweise bietet für viele Metalldetektoren passende Spulen deutlich preiswerter als der Hersteller an.

Standardspule oder Großspule? Je nachdem.

Eine gute, erste Übersicht bieten Dir die einschlägigen **Internet-Foren** (z. B. schatzsucher.de, metalldetektor.de oder detektorforum.de), in denen sich viele Anfänger registrieren und anschließend über Detektoren schlau machen. Da findest Du Testberichte, Bedienungstipps, Umbauanleitungen und Verkaufsangebote. Prüfe jedoch den Betreiber des Forums. Einige Händler betreiben ein Forum, um ihre Angebote unauffällig zu platzieren und zu bewerben.

Auch die **Homepages der Hersteller und der Händler** bieten viele Infos über die Leistung und den möglichen Einsatz der Geräte, wobei Du den hier teilweise sehr optimistischen Angaben misstrauisch gegenüberstehen solltest. Es gibt China-Fabrikate für ein paar Euro, die schwungvoll mit anderthalb Meter Suchtiefe für eine einzelne Münze prahlen, jedoch in Wirklichkeit kaum ein Eisenbahngeschütz, selbst wenn Du schon darüber kratzt, orten können.

YouTube ist immer einen Besuch wert. Neben vielen Sondel-Videos findest Du auch einige interessante Detektoren-Tests.

Trau, schau, wem!

Bei den Herstellerangaben in Sachen Suchtiefe handelt es sich überwiegend um die bekannten **Lufttests**. Das ist praxisfern. Du als Schatzsucher sondierst schließlich nicht in der Luft, sondern in verdichteten, festen, feuchten, steinigen, oft verschrotteten, manchmal mineralisierten Böden. In Erde, Ton, Lehm, Gestein. Völlig andere Suchbedingungen – völlig andere Testergebnisse. Da schrumpft die Suchtiefe von einem optimistischen Meter für eine Münze plötzlich auf zarte 20 cm. Ist die Münze zudem noch ziemlich klein oder steht hochkant, bietet also nur eine kleine Ortungsfläche im Boden, dann wird die Suchtiefe im Zentimeterbereich schnell sogar einstellig.

↑ Preiswerter Detektor aus China.

Probeschwenken mit dem Deus von XP. ↓

Kaufberatung und Testung findest Du natürlich auch beim **Detektorenhändler**. Ein Besuch ist anzuraten, lohnenswert und empfehlenswert. Denn so, wie Du Dein neues Auto probefährst, solltest Du auch einen Metalldetektor vor dem Kauf erst einmal **»probeschwenken«**.

Das Gerät muss zu Dir passen in Leistung, Bedienungskomfort, Ergonomie und Preis. Leider sind gutsortierte Detektorenhändler nicht wie Matratzenstudios an jeder Straßenecke zu finden. In Deutschland, Österreich und der Schweiz gibt es ca. 50–60 Verkäufer. Die Bandbreite reicht dabei vom Nebenerwerbsanbieter mit nur drei vorgehaltenen Modellen bis hin zum Vollsortimenter mit umfangreichem Angebot und einem riesigen Fundus weiterer Suchausrüstung. In diesem Fall findest Du vor Ort nicht nur ein **vielseitiges Detektoren-Angebot, sondern kannst Deine Ausrüstungsliste komplett abhaken**: Spulen, Ersatzteile, Grabegeräte, Pinpointer, Rucksäcke, praktische Suchkleidung, GPS, Outdoorhandy, LED Stirnlampen und viele nützliche und unnütze Angebote mehr, für den ultimativen Ausrüstungsoverkill.

Schrägstes Angebot eines Händlers waren Badeschlappen mit eingebauten Metalldetektor und Vibrationsalarm im Wadenbereich bei einem Fund. Ein Wellnessdetektor mit Beinmassage an kleingeldreichen Stränden, der nebenher Dein Urlaubsbudget auffüllt. Schatzsucher, was willst Du mehr?

↑
Set mit kabellosem Kopfhörer.

Einige Händler bieten **nützliche Services**, z. B. den Kaufinteressenten auch telefonisch zu beraten und/oder stellen diesem ein Angebotspaket zusammen, das im Idealfall als **Leihpaket** getestet werden kann. Achte auch auf After-Sales-Services: Wie lange läuft die Garantie? Repariert der Händler die verkauften Geräte? Gibt es eine Hotline bei Problemen? Berät der Händler auch über den Kauf hinaus, z. B. bei Fundfall oder in Rechtsfragen?

> **GERÄTELEIHE**
>
> Leihst Du Dir ein Gerät, zieh zum Test eine **stabile Plastiktüte über die Suchspule**. Du vermeidest Ärger bei der Rückgabe denn so wird die Spule nicht schmutzig oder zerkratzt und der Händler kann das Gerät als neuwertig weiterverkaufen.

Prüf' das Händlersortiment.

Vergleichen lohnt sich immer, denn kein Verkäufer ist frei von gesundem Eigeninteresse. So bieten manche Händler nur Metalldetektoren einer oder weniger Marken an. Das hängt damit zusammen, dass die Hersteller den Vertriebspartnern Gebietsschutz gewähren und keine anderen Händler in einem bestimmten Gebiet konzessionieren. So kann es durchaus vorkommen, dass ein Händler alle Geräte von Garrett oder Fisher anbietet, jedoch kein einziges von Minelab. Das wird ihn nicht davon abhalten, ein Loblied auf Garrett Geräte anzustimmen, obwohl ein Minelab Gerät – Minelab entwickelt

Metalldetektoren explizit für die Goldsuche in Australien – für den goldsuchenden Kunden weitaus geeigneter wäre.

Für den Sparfuchs:

Wer mit der Mentalität eines orientalischen Basarhändlers gesegnet ist, hat beim Detektorkauf klare Vorteile. Die Händler kalkulieren mit einer Gewinnspanne von bis zu 60 Prozent! **Handeln ist damit das Gebot der Stunde**. Überleg auch, was Du sonst noch benötigst wie Grabegerät, Pinpointer, Rucksack, Outdoor-Kleidung, etc. Dann trachte danach, Bundles als Gesamtpaket zu ordern. Das gibt Verhandlungsspielraum in Sachen Mengenrabatt. Manche Händler bieten auch **fertige Pakete** rund um den Wunschdetektor an: Detektor, Standard- und Großspule, kabelloser Kopfhörer, Pinpointer, Grabemesser, Moleskinhose und Fundtasche im günstigen Gesamtpaket.

Mäste das Sparschwein.

Andere Händler zeigen sich bei Preisverhandlungen betonhart, legen aber gerne statt eines Preisnachlasses eine **Zugabe** bei, vielleicht einen Pinpointer, ein Grabemesser, Outdoorhosen, ein Paar Handschuhe, einen Rucksack oder eine Fundtasche. Fragen kostet nichts. Auch so wird dein Geldbeutel geschont.

Bist Du ein Schnäppchenjäger, solltest Du einen Blick in die »Bucht« werfen. Insbesondere bei Metalldetektoren unter der 500-Euro-Marke ist **eBay** als Beschaffungsquelle sehr beliebt. Neue und gebrauchte Detektoren werden dort durchaus günstig angeboten. Auch ich habe hier schon bei mancher Gelegenheit zugeschlagen. Manchmal aber auch den einen oder anderen schlechten Kauf gemacht. Bei mir war es der gefürchtete Kabelbruch. Der Verkäufer hatte Rücknahme und Garantie ausgeschlossen. Das Lehrgeld in Form einer neuen Spule hat den Schnäppchengewinn aufgefressen. Darüber solltest Du Dir im Klaren sein. **Garantie und Gewährleistung** gibt es nur bei den offiziellen Händlern auf eBay. Kaufst Du privat, kann die Gewährleistungspflicht ausgeschlossen werden.

Um Enttäuschungen zu vermeiden solltest Du, wenn es denn möglich ist, den Metalldetektor vorher besichtigen und ausprobieren. Geht das nicht, empfehle ich Dir, darauf zu bestehen, dass der Verkäufer zumindest die **Funktionssicherheit** schriftlich

KAUFZEITPUNKT

Einige Neulinge geben das Hobby wieder auf und verkaufen den Metalldetektor. Günstig steigern kannst Du zum **Ende der Sondelsaison im Spätherbst**, gute Verkaufspreise erzielst Du im Frühjahr zu Saisonbeginn.

← **Endlich geliefert: Set Equinox frisch vom Händler.**

zusichert. Verweigert er die Zusicherung, lass es. Ebenfalls werden immer mehr Chinakopien von Markendetektoren auf eBay angeboten. Ich selbst habe einen G2 von Teknetics auf eBay gekauft, welcher sich dann bis hin zur Verpackung, Betriebsanleitung und den Prüfsiegeln als fast perfekte Kopie des Originals entpuppte, und er hat zu meiner Überraschung genauso funktioniert wie das Original.

SOLOTOUR GEPLANT?

Du hast nur ein einziges Projekt im Sinn und willst dafür nicht einkaufen gehen und viel Geld auf den Tisch legen? Such Dir in diesem Fall entweder einen Profi oder versuche, ein Gerät zu leihen. Manche Händler bieten diesen Service an. Je nach Gerät mit Tages- oder Wochensätzen. Eine Kaution sichert dabei den Gerätewert ab und wird nach erfolgter Rücksendung zurückerstattet. **Empfehlenswert ist die Ausleihe für alle diejenigen, die nur ein kleines Projekt verfolgen**, wie z. B. den Garten zu detektieren oder das seltsame Loch im Wald zu checken. Bedenke jedoch, ausreichend Mietzeit einzuplanen. Du musst Dich ja noch mit dem Gerät vertraut machen, das benötigt je nach Modell durchaus einige Tage bis einige Monate bei Spitzengeräten wie dem Deus von XP.

Eine weitere Bezugsquelle sind die Marktplätze einschlägiger Schatzsucher-Internetforen oder – ungleich besser – **regionale und überregionale Schatzsuchertreffen**, bei denen Du den Wunschdetektor auf Herz und Nieren testen kannst. Auch an den Schatzsucherstammtischen wird der eine oder andere Detektor angeboten. Such in den Internetforen nach Treffen oder Stammtischen in Deiner Nähe. Fast jedes Forum veranstaltet darüber hinaus auch jährliche Schatzsuchertreffen. Dort werden Gebrauchtgeräte angeboten und Händler und Hersteller informieren über die neuesten Detektoren. Schließlich gibt es noch die großen **Elektronikversandhäuser**, wie z. B. Conrad oder die zahllosen Verkäufer bei Amazon. Auf diesen elektronischen Marktplätzen solltest Du aber hinsichtlich Deines Wunschdetektors bereits sehr genaue Vorstellungen entwickelt haben oder nach **Schnäppchen** fahnden. Beratung und vertiefte Information zum Gerät suchst Du dort vergebens und auch die Produktbeschreibungen stammen meist von der Webseite des Herstellers und sind teilweise praxisfern und/oder ulkig bis nutzlos aus dem Chinesischen übersetzt. Auch die oben erwähnten Raubkopien von Detektoren werden manchmal dort angeboten. Und damit bin ich schon bei den Herstellern. Auf deren Webseiten werden entweder ebenfalls Detektoren zum Kauf angeboten, **Vorführgeräte** preisreduziert offeriert oder zumindest Bezugsquellen in Deiner Nähe aufgeführt. Halte auch Ausschau nach **Herstellerständen auf Outdoormessen** in Deiner Nähe wie bei der »Outdoor« in Nürnberg oder der »Auszeit« in Luzern.

Viele weiterführende Informationen über Beschaffung und Einsatz Deines optimalen Suchgerätes findest Du auch in unserem Handbuch **»Schatzsuche für echte Kerle«**.

Den idealen Detektor zu finden, ist also gar nicht ganz so einfach. Einsatzorte, Suchobjekte, persönliche Vorlieben, finanzielle Mittel, alles beeinflusst die Wahl Deines Metalldetektors. Deshalb habe ich gemeinsam mit einem Schatzsucherkollegen die 6-W-Prüfliste für angehende Schatzjäger entwickelt.

Schweißtreibender Anstieg zum Suchgebiet.

OFF THE BEATEN PATH!

Immer wieder landest du in Gebieten, in denen sich Fuchs und Hase gute Nacht sagen. **Auch dort solltest du passend ausgestattet sein.** Brotzeit, GPS, Karte, Lampe, Regenschutz, gute Schuhe und Outdoorkleidung erleichtern Dir den Suchtag.

6-W-Checkliste für die Ausrüstungswahl

Aller Anfang ist schwer. Und gerade in der Schatzsuche solltest Du Dir einen Kriterienkatalog für Deine Projekte erstellen. Welche Besonderheiten weist Deine Schatzsuche auf? Ist sie erwartbar recherchelastig oder feldorientiert? Ausland oder Inland? In welchem Zeitalter wurzelt Dein Suchprojekt und vor allem die erste W-Frage:

DAS ERSTE W: WELCHE MATERIALIEN SIND ZU ERWARTEN?

Denn die erwartbaren Materialien und Metallarten sind die Basis für die Auswahl Deiner Detektionsgeräte. Erwartest Du **Kunstgegenstände** wie Bilder, sind diese meist in trockenen Höhlen oder alten Salzbergwerken eingelagert worden, dann brauchst Du einen **Hohlraumdetektor**, handelt es sich bei den Kunstgegenständen aber um vergrabene Bronzestatuen, ruft das Magnetometer oder der VLF Detektor. Strebst Du jedoch nach **Edelsteinen,** guckst Du in die Röhre, dafür gibt es keinen Detektor. Sind diese Edelsteine aber noch in der güldenen oder silbernen Fassung, steigen Deine Chancen auf einen Fund mit einem **Tiefendetektor**.

Oder sind die Kostbarkeiten etwa verpackt? Da wäre es eine immense Vereinfachung Deiner Suche, wenn Du wüsstest, welche **Verpackung** verwendet wurde. Eine Kiste hat Beschläge aus Metall – ja, ist vielleicht selbst aus Metall. Fässer haben eiserne Fassreifen. Säcke oder Holzkisten? Tja, Pech, die kannst Du nicht orten. Ideal für Dich wären Blechtonnen, Metallkisten oder Benzinkanister. In Benzinkanistern wurden beispielsweise Ende des zweiten Weltkriegs Münzen und Schmuck versteckt. Da klingelt der Detektor. **Oder wurden über den Schatz hinaus Dinge im Hort mitversteckt?** Zu den Horten des zweiten Weltkriegs wurden gerne ein paar Gewehre, Munition und Konservendosen beigelegt. Man wusste ja nie, was bei der Bergung passieren konnte und Hunger hatte man sowieso. Die Kelten packten ihren Fürsten den gesamten Hausstand in die Grube. Schwerter und Lanzen, Helme, Schilde, Schmuck, Gold, Bronzeeimer, Sonnenwagen, Röhrenkannen. Im berühmten Grab des Fürsten von Hochdorf

Funde die keiner braucht: alter Wanderschuh.
↓

Die Qual der Wahl.

wurde sogar eine bronzene Sitzbank gefunden. Das Mittelalter war da geiziger. In dieser Zeit wurde den teuren Verblichenen alles Teure abgenommen, außer er war Fürst, Bischof, Baron oder Adliger. Die wurden aber meist in Kirchen bestattet. Da bekommst Du diesseits und jenseits Probleme, wenn Du mit dem Detektor aufkreuzt.

DAS ZWEITE W: WORIN WIRST DU SUCHEN: WASSER ODER ERDREICH?

Das zweite W ist die Frage nach dem Worin, dem Medium, in dem Du die Suche planst. Genauer gefragt: Fahndest Du nach einem verlorenen Schatz im Wasser oder an Land? Mit der Beantwortung dieser Frage stellst Du die eine weitere Weiche für den Kauf Deines optimalen Metalldetektors. **Landdetektoren** eignen sich nun mal nicht für die Wassersuche. Es ist also keine gute Idee, einen Landdetektor im Rahmen eines Tauchgangs einzusetzen. Die Elektronik der meisten Landdetektoren ist nicht wasserdicht und verzeiht den Ausflug ins nasse Element nicht. Wasser und Elektronik, jeder weiß, wie das ausgeht.

WENN DER LANDDETEKTOR NASS WIRD

Manchmal hilft es, nach der sofortigen Entnahme der Batterien und dem Öffnen des Gehäuses, vorsichtig die Elektronik **trocken zu föhnen**. In den meisten Fällen wird aber eine neue Platine notwendig werden. Insbesondere bei einem Sturz in Meerwasser. Da hilft auch das schnelle Trocknen nichts, da die Kontakte in Windeseile korrodieren.

→ Schlechte Kopfhörerlaune.

Aber wäre dann nicht ein **Unterwasserdetektor** eigentlich ideal als Landdetektor? Regendicht und wasserfest, keine Angst vor Wassereinbruch und Korrosionsschäden? Das ja, aber ansonsten nicht wirklich, denn der Bedienungskomfort eines Unterwasser-Metalldetektors ist dürftig. Zum einen ist ein UW-Detektor weniger ausbalanciert als ein Landdetektor. Das ist ja auch unter Wasser nicht nötig, dort tut der Auftrieb sein Werk. Viel schwerer wiegt, dass UW-Metalldetektoren meist nur über **Kopfhörer** nutzbar sind.

Und Kopfhörer sind Geschmackssache. Ich und viele Sondelkollegen empfinden Kopfhörer als unangenehm. Erstens höre ich gerne die Umgebungsgeräusche, um das Grunzen des wilden Ebers, welcher im dichten Wald wutschnaubend auf mich zuhält, rechtzeitig zu hören. Zweitens bekommen nicht wenige Sondler nach einigen Stunden Suche mit dem Kopfhörer Ohren- oder Kopfschmerzen. Und nicht zu vergessen, drittens, in Deinem Ohr sitzt das Gleichgewichtsorgan. Das wird durch den Kopfhörer gestört und bringt Dich in schwierigem Gelände schon mal aus dem Gleichgewicht. Den Lautsprecher empfinde

Was mag alles in den stillen Fluten des Sees ruhen ...

ich bei der Landsuche meist als die bessere Wahl. Im Gegensatz dazu schwören einige Schatzsucher auf den Kopfhörer. Sie arbeiten mit Schwebton (Threshold), der ein empfindlicheres Sondieren möglich macht. Das ist Geschmackssache.

Grundsätzlich ist ein Unterwasser-Detektor teurer als sein Gegenstück zu Lande. Da alle Verbindungen, die Elektronik, die Batteriebox und alle Schalter, Regler und Bedienelemente wasserdicht und druckfest sein müssen, ist der Herstellungsaufwand ungleich größer, was sich im Preis deutlich niederschlägt.

Brandungsbereich oder Meerestiefe?

Bist Du ein Schatzjäger, der sein Heil in der **Unterwassersuche** findet, gibt es einige Geräte, die Dein Herz erfreuen werden, wobei sich zwei Kategorien im Hobbybereich unterscheiden lassen: Mischgeräte mit einer Wasserdichtigkeit von bis zu sechs Metern und reine Unterwassergeräte, wasserdicht bis in größere Tiefen.

Bis sechs Meter Tiefe Wasserdichtigkeit ist die beste Empfehlung, sofern Du Strandsondler bist. Damit kannst Du zwar nicht tauchen, jedoch untertauchen oder schnorcheln und in **Brandungszonen** nach Schmuckstücken und Münzen suchen, ohne Angst haben zu müssen, dass das nasse Element der Elektronik Deines Metalldetektors etwas anhaben könnte. Auch kannst Du Dich ohne Bedenken von Wellen überspülen lassen oder unbeschadet für den Detektor dank glitschigen Algenbewuchses ein unfreiwilliges Vollbad nehmen. Um am Meeresufer, auf Sandbänken, im Moor, an Flussufern oder am Strand des Badesees zu suchen, ist solch ein Modell mit bis zu sechs Metern Wassertiefe dichtem Gehäuse völlig ausreichend.

... und in den schnellen Wassern der Flüsse?

↑ Geheimnisvolles Schiffswrack.

↑ Abgestürzt, versunken und wiedergefunden.

Also greifst Du, sofern Du das Sparschwein schonen willst, zu einem **Klarstein**. Hast Du etwas mehr auf der hohen Kante zurückgelegt, zu **White's Beachhunter**, **Garrett AT Pro**, oder, bist Du gut betucht, gleich zum **Minelab CTX 3030**.

Neuere Modelle, teils mit saftigen Preisen, sind der **Garrett ATX** oder der **Minelab Equinox 800**. Der Vorteil dieser Geräte ist, dass sie auch zur Landsuche eingesetzt werden können und Du weniger Abstriche an Suchkomfort und Ergonomie auch bei längeren Landsuchen machen musst.

Willst Du jedoch bis zur Thristlegorn oder der Titanic abtauchen, sind **spezielle UW-Geräte**, konstruiert für die Druckverhältnisse in größeren Tiefen, notwendig.

Hier bieten sich der **Fisher CZ 21**, der **Fisher Aquanaut**, **White's Surf PI**, der **Garrett Seahunter** und **Infinium** oder **Tesoro** mit seinem **Tiger Shark**, an. **Minelab** punktet mit dem **Excalibur**, **Ebinger** mit dem **Uwex 720**, einer praktischen Kurzsonde für die Hand, und **Vallon** mit dem **VMW1** und dem **MW1630**, denen die militärische Herkunft deutlich anzusehen sind.

Versunkene Schiffe und abgestürzte Flugzeuge sind Dein Begehr?

Willst Du nach großen Objekten unter Wasser suchen und bringst eine dicke Geldkatze mit, solltest Du Dein Augenmerk auf ein **Side-Scan Sonar** richten. Diese Wunderwerke der Ortungstechnik erfassen den Meeres- oder Seegrund und machen Anomalien sichtbar. Gezogen von einem Schleppschiff lassen sich die einzelnen Suchbahnen zu einer kompletten Unterwasserkarte des Bodenreliefs zusammenfügen und enthüllen die Geheimnisse der Unterwasserwelt.

FISHFINDER ALS SIDE-SCAN SONAR?

Deutlich preisgünstiger als der Kauf eines Side-Scan Sonars ist die Anschaffung eines **Fishfinders**. Geräte von z. B. Hummingbird bieten fast schon side-scanartige Darstellungsqualitäten des Gewässerbodens, solange es sich nicht um große Tiefen handelt.

DAS DRITTE W: WELCHES SYSTEM?

Eine knifflige Frage. Welches System ist für Deine Suche optimal? Du hast eine Vorstellung von den erwartbaren Metallarten und auch Land- oder Wassersuche wurde bereits entschieden. Jetzt steht für Dich die Entscheidung für eine **Suchtechnologie** an. Zuerst einige Informationen für den Hobbysucher: Wie oben dargestellt gibt es zwei erschwingliche und geeignete Systeme: **VLF, als »Very Low Frequency«**, und **PI, die Pulsinduktion**. VLF lässt eine zuverlässige Metallunterscheidung zu. PI ermöglicht größere Suchtiefen und ist unempfindlicher auf mineralisierten Böden. Ich rate dem Anfänger: Nimm das VLF-System. Eine gute Metallunterscheidung ist Gold wert, im wahrsten Sinn des Wortes. Hast Du erst einmal die hundertste Blechdose mit dem PI-Detektor ausgebuddelt, weil wieder vielversprechendes Buntmetall angezeigt wurde, wünscht Du Dir spätestens dann, Du hättest Dir einen VLF Detektor zugelegt. Zum Thema »Welches System?« gehören auch Fragen nach Deinen **individuellen Vorlieben**, wie Ergonomie, Gewicht, Display, Batteriegrößen, Verfügbarkeit von weiteren Spulen und Ersatzteilen.

Ergonomie

Manche Detektoren benötigen kräftige Armmuskeln, um ausdauernd geschwenkt zu werden. Ich erinnere mich noch genau an den heftigen Muskelkater, den mir der Minelab 3030 nach einem langen Suchtag bescherte. Das Gerät ist ziemlich schwer und wenig ausbalanciert, sodass viel Kraft erforderlich ist, um auch nach sechs Suchstunden noch schwungvoll zu schwenken. Außerdem müssen die Geräte oftmals weit in Rucksack oder Tasche transportiert werden, um in das Suchgebiet zu gelangen. Da wird **jedes Pfund Zusatzgewicht spürbar**.

SONARE

Tommy Thompson, der Entdecker des »Goldschiffes«, des 1875 im Sturm gesunkenen Raddampfers »Central Amerika«, zog unermüdlich drei lange Jahre ein Side-Scan Sonar durch die stürmischen Fluten des Atlantiks bis er endlich das Wrack fand und drei Tonnen Gold bergen konnte.

Paul Allen, Mitbegründer von Microsoft, rüstete das Unterwasserarbeitsschiff »Petrel« als Suchschiff aus und vergnügte sich, dank unerschöpflicher Finanzmittel damit, gesunkene Schiffe mit Hilfe von Sonaren zu lokalisieren, um daraus eine Wrackkarte zu erstellen. Er entdeckte damit einige der 1942 während der Schlacht von Midway verschollene Wracks von japanischen und amerikanischen Kriegsschiffen.

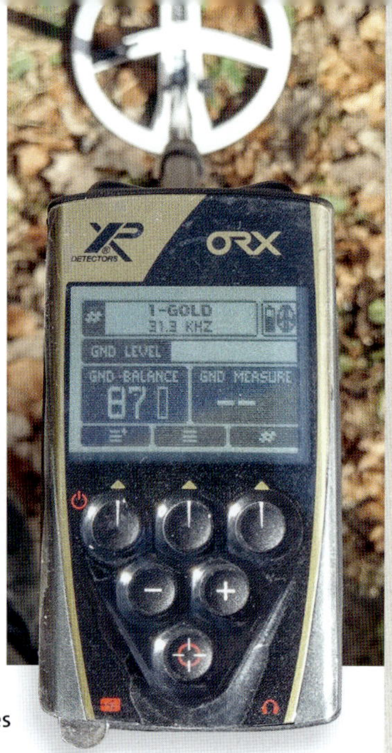

↑
Schlecht zu führen im unwegsamen Gelände: Nokta Großspule.

→
Kompaktes und informatives Display des Orx.

Display

Hier regiert der Geschmack des Käufers – Du entscheidest. Es gibt vom analogen Zeigergerät mit Lämpchen, Drehreglern und Knöpfen bis zum Touchscreen mit verschiedenen digitalen Darstellungsmodi und integriertem GPS alle Arten von Displays an den Geräten. **Einfach ausprobieren was Dir zusagt!** Aber Achtung: Große, helle digitale Displays fressen natürlich auch mehr Batteriestrom.

Apropos Stromversorgung: Viele Detektoren haben **auswechselbare Batterien**. Und das ist gut so und es empfiehlt sich, denn nichts ist frustrierender, als wenn Deinem Metalldetektor während der Suche der Saft ausgeht und Du wegen eines fest verbauten Akkus keinen Batteriewechsel vornehmen kannst, sondern das Gerät erst stationär laden musst. Das ist ein großes Manko, des ansonsten hervorragenden Deus von XP. Im neuen Orx, dem kleinen Bruder des Deus wurde nachgebessert und die fest verbauten Akkus durch einen Wechsel-Akku im Gestänge ersetzt. Auch spezielle **Akkupacks**, wie z. B. beim Minelab 3030, beenden Deinen Such-Tag vorzeitig, wenn sie schlapp machen. Sie benötigen nämlich spezielle Ladegeräte, die Du natürlich nicht auf Deinen Suchacker mitschleppst. Aber glücklicherweise arbeiten viele Detektoren auch mit handelsüblichen Batterien. **Einfache AA oder 9-Volt-Blockbatterien** sind empfehlenswert. Sie sind überall erhältlich, problemlos und einfach zu wechseln und können in Form **wiederaufladbarer Akkus** die Kosten für den Betrieb des Metalldetektors dämpfen. Außerdem passen AA-Batterien oft auch in Dein GPS oder Deine Taschenlampe. Du tust gut daran, bei all Deinen elektronischen Geräten darauf zu achten, dass sie alle mit der gleichen Batteriesorte betrieben werden können. Praktisch ist auch eine kleine **Powerbank**. Damit lädst Du Handy, Pad oder mit einem zusätzlichen Ladegerät Deine AA-Akkus für den Detektor. Ich nutze eine Powerbank mit Solarpanel, welche mir auf mehrtägigen Touren die Steckdose ersetzt.

Das bringt uns zur Frage: **»Batterien oder Akkus?«** Bist Du ein Gelegenheitssondler, dann lohnen sich Akkus eher nicht. Anders bei demjenigen, der dreimal pro Woche die Spule schwenkt. Mach Deine Entscheidung, ob Akku oder nicht, auch von der Außentemperatur abhängig. Sinkt die Temperatur nämlich, lässt die Leistung von Akkus nach, während normale Batterien leistungsstark bleiben. **Schwache Akkus kosten Tiefenleistung** und womöglich fehlt dann der entscheidende Dezimeter zum Goldmünzlein.

Zusätzliche Anbauteile

Planst Du weitere Einsatzfelder, wie z. B. Tiefensuchen oder Kleinteilesuchen (Gold-Nuggets), ist es sinnvoll, einen Blick auf **zusätzliche Anbauteile** zu werfen. Gibt es beispielsweise größere oder kleinere Spulen, evtl. sogar eine Tiefenspule oder ein praktisches Teleskopgestänge?

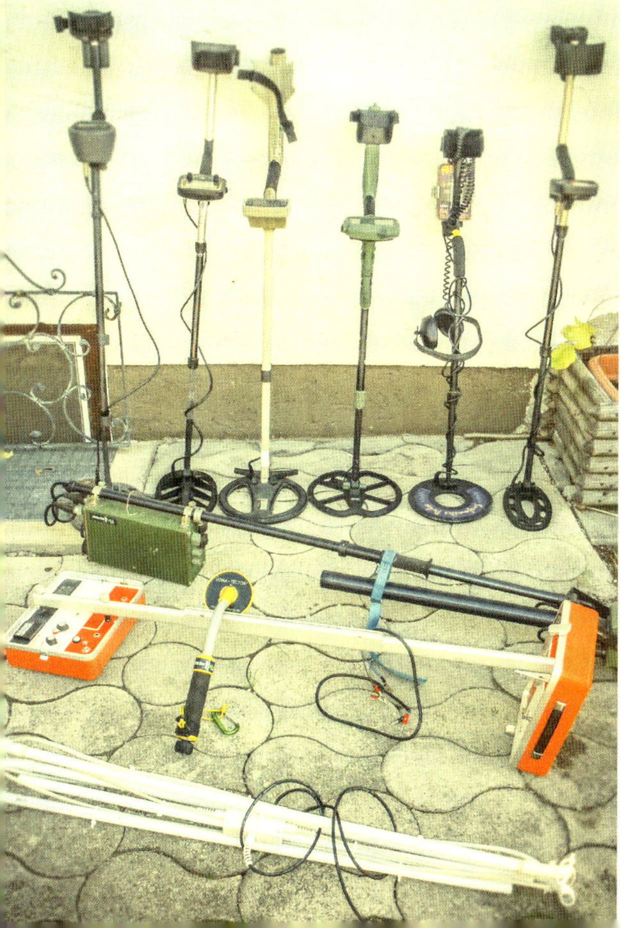

KAUFTIPP: GUTE DETEKTOREN

Ein wahres Chamäleon unter den Detektoren ist der alte aber immer noch gute **Garrett 2500**, den Du mit seiner optional zu erwerbenden Großspule zu einem leistungsfähigen Tiefendetektor umbauen kannst.

Ebenfalls ein Universalgenie ist der **Lorenz Z1**. Mit 35 cm Suchspule für kleinere Teile und 1 Meter Suchspule für Großteile ist der Z1 einer der ersten PI Detektoren, welcher eine gute Metallunterscheidung verspricht und das Versprechen meist auch hält. Zusätzlich zeigt der optionale GPS Data Logger, eine dreidimensionale Karte der Objekte im Boden anhand einer Farbkarte am Computer an. Bodenstörungen und Metallteile lassen sich damit unterscheiden und Suchtiefen bis drei Meter erreichen. Leider ist auch der Preis mit ca. 5000 Euro herausragend.

Nachdem verborgene Schätze oft von Profis in Tiefen jenseits der Reichweiten von Hobbydetektoren versteckt worden sind, kannst Du in vielen Fällen auf noch leistungsstärkere Tiefenortungssysteme wie ein **Magnetometer, elektromagnetische Prospektion oder ein Bodenradar** nicht verzichten. Damit erreichst Du Tiefen bis 30 Meter, die Du dann aber auch ausgraben musst. Das Magnetometer zeigt Dir magnetisierbare Metalle im Boden an. Aber Achtung, reines Gold und Silber ist nicht magnetisierbar. Auch große Mengen davon werden auf dem Magnetometer nicht oder unzuverlässig angezeigt. Das bekannteste **Magnetometer-**

←
Detektoren mit verschiedenen Anbauteilen.

System ist die **»Förstersonde«** von Ferex, welche zur Kampfmittelräumung eingesetzt wird. Und das Förstersystem ist modular und damit beliebig erweiterbar.

Mit acht Förstersonden bestückt kannst Du beispielsweise hinten an ein Quad einen Multikat anflanschen und bequem, pro Durchgang vier Meter breit, Dein Suchgebiet auf ferromagnetische Objekte absondeln, während Du auf dem Sitz des Zugfahrzeuges entspannst. Die Auswertung siehst Du Dir dann zuhause gemütlich am Computer an. Du solltest ohne Frage schnell fündig werden, um die Kosten wett zu machen, denn das Spielzeug kostet ohne Quad um die 30.000 Euro.

Ein **Bodenradar** hingegen zeigt, einfach ausgedrückt, verschiedene Bodendichten anhand von Farbskalen an. Damit eignet es sich nur eingeschränkt für die direkte Ortung von Metallen, ist aber hervorragend zur Auffindung künstlicher Strukturen wie Grundmauern, unterirdischen Bunkern, Hohlräumen oder Depots einsetzbar.

DAS VIERTE W: WAS SUCHE ICH?

Jedem Sondeljünger stellt sich die Frage nach den Wertgegenständen oder Objekten, denen er nachjagen möchte. Gerade für Dich auf den Spuren eines verlorenen Schatzes ist es von zentraler Bedeutung, mehr über die **Zusammensetzung des Schatzes** zu erfahren. Der Kirchenschatz von Lima beispielsweise enthält neben Geschmeide und Juwelen eine lebensgroße Marienstatue aus purem Gold. Das macht einen der auf Goldsuche spezialisierten Minelab-Detektor zum heißen Kaufkandidaten. Modelle sind der Minelab Gold Monster 1000 oder der Minelab GPZ 7000. Etwas preiswerter tut es auch der Nokta Impact, der Garrett AT Gold oder der Makro Gold Racer. Aber nicht von allen Schätzen ist die Zusammenstellung bekannt. Für solche **undefinierten Suchansprüche** genügt Dir ein **Allround-Detektor**, z. B. der Minelab Equinox, der XP Deus oder der Fisher F 44 oder F 75.

Solltest Du jedoch den Wunsch haben, ein besonderes Wild zu jagen, machen folgerichtig ein **spezieller Detektor** und auch eine auf diesen besonderen Zweck ausgerichtete Spule Sinn. Wenn Du im Einschlagskrater eines abgestürzten Bombers sondeln willst und hoffst, einen der alten Junkers Motoren zu finden, muss Du Dir erstens einen Bagger mieten, um das Ding auszugraben, und zweitens einen Tiefendetektor einsetzen, um die massiven Motoren, welche sich beim Absturz tief in die Erde gebohrt haben, zu lokalisieren. Dazu eignen sich der White's TM 808, der Garrett 2500 mit Tiefenortungssonde, der Lorenz Deep Max oder der Makro Deephunter. Magnetisierbare Motorblöcke in großen Tiefen, das ist auch das Einsatzgebiet eines Magnetometers.

Förstersonde im Sucheinsatz. ↙

Detektoren für verschiedene Fundspektren. ↓

Bist Du auf dem Acker unterwegs, im Dschungel oder eher im Gebirge? Sind Deine Suchgebiete verkrautet oder dicht bewaldet?

DAS FÜNFTE W: WO?

Nicht nur worin und was, sondern auch das Wo Deiner Suche bestimmt die Auswahl Deines Detektors. **Bist Du auf dem Acker unterwegs, im Dschungel oder eher im Gebirge?** In den Bergen, am Strand oder auch in Wüsten ist der Boden oftmals stark mineralisiert und Du musst den Detektor im Bodenabgleich öfter anpassen, um die höchstmögliche Suchtiefe zu realisieren und Fehlsignale zu vermeiden.

Bewegst Du Dich etwa auf stark verschrotteten Flächen wie **Schlachtfeldern** oder auf Orten frei von **Zivilisationsmüll** und **Kriegsresten**? Im ersten Fall sollte Dein Metalldetektor eine schnelle Ansprechgeschwindigkeit und eine hohe Trennschärfe bei der Diskriminierung aufweisen, denn es wäre sehr ärgerlich, wenn Du den Goldbarren neben den Granatsplittern nicht orten könntest.

Sind Deine Suchgebiete **verkrautet oder dicht bewaldet**? Hier mit Großspulen zu arbeiten wäre unmöglich. Wenn Du schon einmal versucht hast, eine 1 x 1 Meter große Spule durch dichtes Gebüsch zu zerren und dabei noch verlässlich zu orten, dann weißt Du, wovon ich spreche. Andererseits kannst Du auf **weitläufigen Äckern oder in der Steppe** durchaus zur größeren Spule greifen, evtl. sogar die 2 x 1 Meter Spule einer Ebinger einsetzen und damit in kurzer Zeit große Flächen absuchen, das Ganze mit einer Suchtiefe fast bis zum Erdkern.

Bist Du ein Ackersucher?

Bist Du ein Waldsucher?

DAS SECHSTE W: DIE GRETCHENFRAGE – WIE VIEL GELD WILLST DU INVESTIEREN?

Du hast eine Idee, wo ein verlorener Schatz liegen könnte? Ein Location Check hat einige interessante Suchareale ergeben? **Was willst oder kannst Du für die Suche ausgeben?** Dein Kontostand beantwortet die sechste W-Frage. Einfachste Detektoren für die Suche nach Leitfunden sind schon ab 30 Euro im Handel erhältlich. Diese typischen China-Geräte sind unzuverlässig ohne ausreichende Suchtiefe, unzureichende Diskrimination, fehlerhafte Tiefenanzeigen, kurz – für eine erfolgreiche Suche vor Ort unbrauchbar. Nach oben gibt es fast keine Grenze im Preisgefüge. Manche Tiefensuchgeräte wie z. B. das Emfad UG12 schlagen mit dem Preis eines Kleinwagens zu Buche. **Magnetometer-Preise entsprechen den Kosten für einen Wellness-Segelurlaub in der Karibik.** Bodenradare erreichen die Preise von großvolumigen SUVs. Alternativ zu einem professionellen Side-Scan Sonar für das großflächige Absuchen eines Gewässerbodens könnte man durchaus über ein komfortables Einfamilienhaus nachdenken. Diese Geräte belasten die Kasse schon mal mit 500.000 Euro (!). In meinen Schatzsucherseminaren empfehle ich dem Neuling zunächst den Kauf eines einfachen Detektors, um frustfrei und fundreich die **Grundfunktionen** eines Metallsuchgerätes verstehen und beherrschen zu lernen. Fühlst Du Dich mit diesem Gerät sicher und hast den Wunsch, auf leistungsstärkere Technik umzusteigen, dann kannst Du Dein Einsteigergerät beim Kauf eines besseren Metalldetektors in **Zahlung gegeben oder als Zweitgerät** (z. B. mit einer anderen Spulenkonfiguration) einsetzen. Auch in einem Internet-Forum oder bei eBay kannst Du einen Metalldetektor, den Du nicht mehr brauchst, meist mit wenig

FAZIT

Testen, testen, testen und dann: Testen. Nichts ist ärgerlicher als ein Fehlkauf. Viele Händler offerieren vor dem Kauf eine Leihphase, manche schicken, bei seriösem Interesse Deinerseits und vorheriger Telefonberatung, durchaus zwei bis drei Geräte zur Testung zu. Kannst Du Dich zwischen den gängigen Angeboten nicht entscheiden, bietet sich alternativ an, in verschiedenen Internetforen eine Anfrage für eine Suchbegleitung in der Region zu posten und Dich als **»Grabezwerg«** anzubieten. Bei dieser Gelegenheit können verschiedene Detektoren von Schatzsucherkollegen sicherlich auch im Feldeinsatz angetestet werden.

Verlust veräußern. Insgesamt erfreuen sich Metalldetektoren eines relativ **hohen Wiederverkaufspreises**, sodass Du Deinen Detektor auch nach einigen Jahren mit einem überschaubaren Wertverlust verkaufen und Dir das aktuellere Modell zulegen kannst.

Suchmaschinen helfen bei der Entscheidung: Aussagekräftige Testberichte, persönliche Meinungen, sowie Erfahrungen zu den einzelnen Modellen findest Du in den Sondengängerforen wie Sondengängerforum.de, schatzsucher.de, Detektorforum, Bodenfundforum, uvm. Youtube punktet mit vielen Testvideos. Auch in zahlreichen facebook-Gruppen zum Themenbereich Metalldetektor und/oder Archäologie kannst Du Informationen erhalten.

Händlerempfehlung

Metalldetektoren zu erwerben ist ein wenig wie der Kauf von Wanderschuhen. Du brauchst einen Verkäufer, der auf Deine individuelle Fußform, respektive individuelles Suchprojekt in Einsatzart, Gewicht, Leistungsfähigkeit, usw. eingeht und Dir den optimalen Schuh, respektive Metalldetektor empfiehlt. Dazu sollte er Dich und Dein Vorhaben kennen und kein reiner Bestellshop sein, sondern auch umfangreiche Beratung und After-Sales-Services anbieten. Amazon oder der Elektronik Versender Conrad bieten zwar Metalldetektoren an, doch eine fundierte Beratung suchst Du dort vergeblich.

Zwei Anbieter, welche mit Herz und Seele selbst suchen gehen und jeden der angebotenen Detektoren testen: **Nuggets.24.de** und **abenteuer-schatzsuche.de.**

Für den Süden Deutschlands, der Schweiz und Österreich findest Du eine große Auswahl an Metalldetektoren und Zubehör bei www.nuggets24.de. **Nuggets24** ist ein unabhängiger Händler, hat viele Marken und Modelle von Metalldetektoren und Spulen sowie Zubehör auf Lager und schreibt sich eine ausführliche und hochprofessionelle Beratung vor und nach dem Kauf auf die Fahne.

In der Mitte und im Norden Deutschlands erfüllt Dir Jochen Reifenrath von **Abenteuer-Schatzsuche** alle Wünsche Deines Sondlerherzens. Eine Fülle an Markenherstellern wie z. B. Fisher, Whites, XP oder Bounty Hunter mit leistungsstarken Metalldetektoren für Anfänger und Fortgeschrittene, Spulen, sowie alle Arten von Ausrüstung, Literatur und eine exzellente Beratung, inklusive Hotline, machen den Shop empfehlenswert. Zusätzlich begleitet Jochen Dich auch nach dem Kauf und in Deiner weiteren Karriere als Schatzsucher mit wertvollen Tipps und Tricks.

Ihn kannst Du vertrauensvoll in Dein individuelles Suchprojekt einweihen und er wird Dir mit Rat, Tat und einem fundierten Wissen über Einsatzmöglichkeiten von Suchhardware zur Seite stehen. Für spezielle Anforderungen Deiner Suche wird er Dich aufgrund seiner hervorragenden Vernetzung in der Szene an die richtigen Ansprechpartner weiterleiten können.

Beide Händler zeichnet eine hohe Serviceorientierung und eine breite und tiefe Produktpalette für Outdoor und Metalldetektion aus. Als Sahnehäubchen beraten Dich beide telefonisch und natürlich kannst Du Deinen Wunschdetektor vor Ort testen.

Ein kleiner aber feiner Anbieter von Minelab, Quest und Nokta Detektoren ist Tom vom **sondler-shop-lunzer.de**. Der Shop ist spezialisiert auf Hobby-Sondengeher und Tom hat die neuesten Detektoren verschiedener Hersteller auf Lager und bietet ein kleines und wertiges Sortiment. Tom ist ein erfahrener Sondengeher, nimmt sich viel Zeit für die Beratung der Interessenten und testet alle seine Detektoren auf Herz und Nieren im Feldeinsatz.

Metalldetektion

Jetzt stolperst Du auf Deiner Suche nach dem Freund fürs Wedeln sicherlich über einige Begriffe, die für Dich böhmische Dörfer sind. VLF, PI, Motion Detektor werden Dir über den Weg laufen. Oder Disc, Notch und Abklingverhalten – ganz zu schweigen von Wirbelströmen, Ground Balance und Mineralisation.

Durch diesen Irrgarten der Fachbegriffe möchte ich Dich leiten, denn wie schon oben angeführt: **Verstehst Du die Technik Deines Detektors, wirst Du erfolgreicher** – oder wie ein Sondelspezi etwas holprig reimte: »Weißt Du was die Sonde macht, Dir oft das golden Münzlein lacht.« Naja, hoffentlich sondelt er erfolgreicher als er dichtet.

Fangen wir den technischen **Grundlagen der Suchsysteme** an.

VLF System

Der Begriff, den Du auf jeden Fall kennen solltest ist VLF als die Abkürzung für **»Very Low Frequency«**. VFL-Metalldetektoren arbeiten mit einer sehr langwelligen, niedrigen Frequenz zwischen 5 und 20 kHz. Übliche VLF-TR (Transmitter/Receiver = Sender/Empfänger) Geräte nutzen diese Frequenz, um ein Magnetfeld in den Boden zu senden, das von metallischen Gegenständen gestört wird.

HISTORISCHES

Graham Bell, der Erfinder des Telefons, baute den ersten, einfachen Metalldetektor und versuchte damit 1881, die Kugel eines Attentäters in der Brust des 20. Präsidenten der Vereinigten Staaten, James A. Garfield zu lokalisieren. Leider erfolglos.

Kommt ohne viel Schnickschnack aus: Anfängerdetektor Garrett ACE 250.

Die technische Grundidee, die bis heute Anwendung findet, stammt bereits aus dem 19. Jahrhundert. Die Entwicklung moderner Metalldetektoren bekam Schwung in den 1930er Jahren. Gerhard Richard Fischer entdeckte, **dass erzhaltiges Gestein Radiowellen stört.** Er kam auf die Idee, den Spieß umzudrehen und mit Radiowellen Metalle zu orten. In den 1950er und 1960er Jahren verbesserte Charles Garrett diese Technik, unter anderem baute er kleinere und leichtere Metalldetektoren. Bahnbrechend war die Erfindung des Induktions-Balance-Systems. Einfach ausgedrückt befinden sich dabei **zwei Spulen mit ihren Magnetfeldern im elektrischen Gleichgewicht**. Dringt ein Metallgegenstand in dieses Feld ein, kommt es zu Störungen, die der Metalldetektor als Signal ausgibt. Ursprünglich wurden die beiden Spulen einfach übereinandergelegt. Heute dominieren Doppel-D-Spulen den Markt, bei dem zwei identische Spulen, sich leicht überlappend, nebeneinander positioniert sind. Aus der Art der **Feld-Störung** errechnet die Elektronik der modernen Metalldetektoren die Metallart und die wahrscheinliche Tiefe, in der das Objekt liegt.

Magnetometer

Dieses Gerät misst, wie der Name schon sagt, Magnetfelder. Und zwar nicht irgendwelche, sondern die **Felder unseres Erdmagnetfeldes**.

Du bemerkst es zwar nicht, aber die Kompassnadel zeigt uns deutlich: Die Erde ist ein riesiger Magnet mit zwei magnetischen Polen, dem Nordpol und dem Südpol. Das Erdmagnetfeld übt Kraft auf andere Magnete aus, wie eben beispielsweise auf eine Kompassnadel.

↑
Unterwegs mit dem VLF-System.

Auch durch feine Eisenspäne lässt sich die Wirkung eines Magneten sichtbar machen: Sie ordnen sich um den Magneten an und zeigen in Richtung seiner beiden Pole. Ein linienartiges Muster entsteht, das die magnetischen Kräfte anzeigt. Die Linien dieses Magnetfeldes bezeichnet man als **Feldlinien**. Auch das Erdmagnetfeld besitzt solche Feldlinien. In der Nähe des Südpols treten sie aus der Erde aus, verlaufen außerhalb der Erde bis zum Nordpol und verschwinden dort wieder in der Erde. Sie sind somit so angeordnet, als würde sich mitten durch die Erde ein riesiger Stabmagnet ziehen. Diese Feldlinien werden nun durch Metalle modifi-

LEGIERUNGEN

Legierungen sind durch Zusammenschmelzen entstandene **Gemische verschiedener Metalle**. Bronze ist beispielhaft eine Legierung aus Zinn und Kupfer.

ziert. Liegt beispielsweise ein Stück Eisen im Boden verborgen, verursacht es wie ein Fels im Flussbett Verwirbelungen im Magnetfeld. Der Fels im Wasser, das Eisen im Magnetfeld. Diese **Anomalien im Magnetfeld** erkennt nun das Magnetometer und meldet Dir, entweder »old school« per Zeigerausschlag oder digital auf einen Bildschirm: Hier liegt Ferromagnetisches, vulgo Eisen, Nickel, Kobalt oder Legierungen davon.

Bodenradar

Das **Ground Penetrating Radar** (Bodenradar) ist ein Gerät, um in Erdreich und Fels, aber auch in Beton, Mauerwerk, Asphalt, Stein, Holz oder Eis vergrabene oder verdeckte Objekte oder Schichten zu lokalisieren und zu kartografieren.

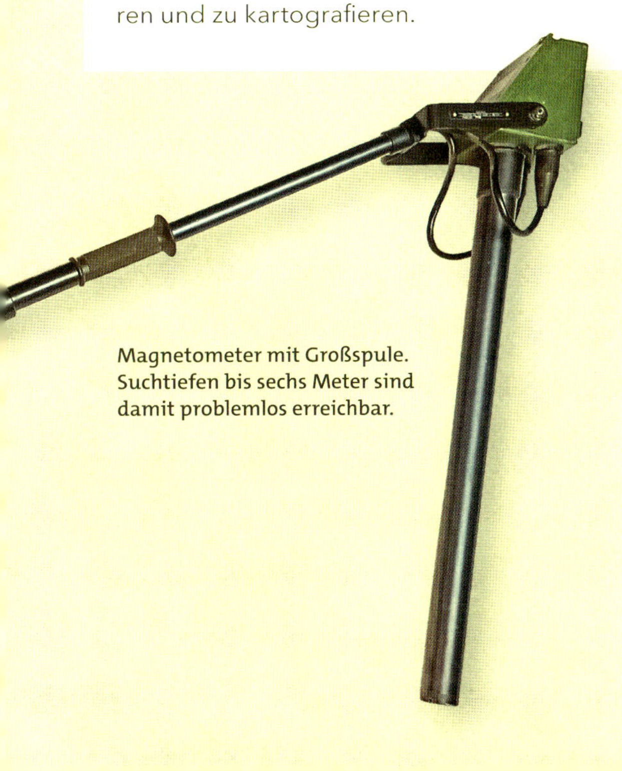

Magnetometer mit Großspule. Suchtiefen bis sechs Meter sind damit problemlos erreichbar.

Diese zerstörungsfreie Methode wird seit den 1970er Jahren für Untersuchungen der Umwelt, im Maschinenbau, in der Archäologie angewendet.

Ein Bodenradar nutzt elektromagnetische Energie, um Informationen über den Untergrund zu erhalten. Die Energie wird in den Boden abgestrahlt und an **Inhomogenitäten und Grenzschichten** mit unterschiedlicher Leitfähigkeit zurück zum Empfänger reflektiert. Aus der Laufzeit zwischen dem Sendesignal und dem Echosignal kann die Tiefe einer Inhomogenität errechnet werden.

Ein Bodenradar ist in der Lage, **bis in mehrere zehn Meter Tiefe einen Querschnitt des Untergrundes** und der darin enthaltenen Objekte abzubilden. Siehst Du auf dem Display Deines Bodenradars dann eine unregelmäßige Form oder eine Schichtung verschiedener Materialdichten, hat es wahrscheinlich geologische Ursachen. Ist die Form **rechteckig, trapezförmig, rhombusförmig oder quadratisch**, ist das Objekt wahrscheinlich künstlich und Deiner Untersuchung wert.

Leider sind die Geräte ziemlich teuer. Aber erst ab einem Kaufpreis von über 20.000 Euro bietet das Gerät eine gute Ausstattung und insbesondere leistungsstarke Auswertungssoftware. Andererseits blickst Du bis zu 50 Meter in den Boden.

VOREILIGE VORFREUDE

Für die **Untersuchung eines Gartengrundstückes**, in welchem vergrabene Kunstschätze vermutet wurden, nutzten wir ein Bodenradar.

Groß war die Vorfreude, als uns ein Schacht im Garten angezeigt wurde. Groß war aber auch die Enttäuschung, als sich der Schacht als Sickergrube entpuppte.

Geoelektrische Prospektion

Die **Bodenwiderstandsmessung** oder geoelektrische Prospektion untersucht die elektrische Leitfähigkeit des Erdbodens aufgrund von Einschlüssen. Dazu sind grundsätzlich zwei Elektroden nötig, zwischen denen der elektrische Strom fließt. Dieses Verfahren wurde von Geophysikern zur Ortung von Bodenschätzen und Rohstoffen entwickelt und wird heute hauptsächlich in der **Grundwasserprospektion** angewendet.

Die Geoelektrik wird aber auch in der Archäologie eingesetzt zum Aufspüren und Kartieren ehemaliger Siedlungen und anderer historischer oder prähistorischer Bauwerke. Oft wird die geoelektrische Prospektion ergänzt durch eine **geomagnetische Erkundung per Magnetometer.** Denke auch daran, bei Tiefen über mehrere Meter die erforderliche Bergungsausstattung und/oder Man-Power vorzuhalten, um das detektierte Objekt auszugraben zu können. Mitunter kann das geeignete Tool dann durchaus schon 'mal ein Kleinbagger sein.

Und noch mehr zerstörungsfreie Prospektionsmethoden warten auf Dich, wenn Dein Geldbeutel groß genug ist. Du kannst sogar **Luftschiffe mit speziellen Suchgeräten** mieten, die geologisch interessante Bodenstrukturen aus der Luft scannen. Diese Suchgeräte werde beispielsweise von De Beers, dem weltgrößten Diamantenschürfer eingesetzt um Diamantenvorkommen in der Namib Wüste zu lokalisieren. Dabei werden natürlich nicht die Diamanten geortet, sondern Bodenstrukturen, wie z. B. alte Flussbetten, in denen erfahrungsgemäß Diamanten gefunden werden können. Auch **Satelliten** liefern Oberflächenscans, um Strukturen im Boden aufzuspüren. Diese Satelliten kannst Du bei verschiedenen Raumfahrtfirmen mieten und Aufnahmen Deines Suchgebietes erstellen lassen.

Einen Überblick über die bei Bodenprospektionen und in Gebäuden eingesetzten Methoden bekommst Du auf: **www.eastern-atlas.de**.

Blick von oben dank Drohneneinsatz.

Dort kannst Du Dir auch ein PDF herunterladen, welches die Anwendungsmöglichkeiten der verschiedenen Prospektionsmethoden in einer Tabelle aufführt. Außerdem werden die Methoden, welche sich für bestimmte Epochen geeignet sind, vorgestellt. Beispielsweise macht die magnetische Prospektion einer bronzezeitlichen Siedlung aufgrund der **erwartbaren Metallfunde** Sinn. Für eine eiszeitlichen Siedlung hingegen, wo keinerlei Metallfunde erwartbar sind, empfiehlt sich ein Bodenradar.

Pulsinduktionssystem

Neben der VLF-Ortung ist das **zweite gängige Ortungssystem** die Pulsinduktion. Wie funktioniert nun ein PI-Metalldetektor genau?

Pulsinduktionsgeräte senden **Magnetfelder in Form von Impulsen** in den Boden. Wenn ein metallener Gegenstand diesem Feld ausgesetzt wird, bewirkt dieses gepulste Magnetfeld in ihm einen Wirbelstrom, der wiederum ein eigenes entgegengesetztes Magnetfeld aufbaut. Dieses Magnetfeld wird dann von der Suchspule des PI-Gerätes empfangen und sein Abklingverhalten ausgewertet. Die Pulsinduktion lässt eine über dem VLF-System angesiedelte, **erweiterte Suchtiefe** zu. Der Nachteil dieses Verfahrens war bisher eine sehr **unzureichende Metallunterscheidung,** die bei moderneren Geräten von Minelab oder Lorenz zwar nicht an die fast schon perfekte Unterscheidungsleistung des VLF-Systems heranreicht, aber zumindest eine leichte Unterscheidung je nach Objekt- und Bodenverhältnissen bietet.

SATELLITEN MIETEN

Das ist nicht teurer als Luftbilder zu kaufen. Drei Tage Miete kosten ein paar hundert Dollar. Das US-Startup **NanoSatisfi (https://spire.com/en)** bietet die Möglichkeit, einen Kleinsatelliten tageweise zu mieten und so eigene Experimente durchzuführen. Ausgerüstet ist **ArDusat** mit Kameras und diversen Messgeräten, darunter auch Spektrometer, Infrarot-Thermometer und Geigerzähler. Gewonnene Daten werden auf einem Ultra-High Frequency (UHF)-Band zur Erde gefunkt und an Deinen Computer zur Auswertung übermittelt.

←
Ideal auf schmalen Wegen: Das E-Bike zum Transport der Ausrüstung.

Unterwegs mit Pulsinduktion.

Was Du in der Werbung immer angepriesen bekommst, ist die herausragende Suchtiefe des beworbenen Modells. Bezüglich der Suchtiefe von Detektoren solltest Du die Angaben der Hersteller mit Vorsicht genießen. Manche schwadronieren bei einfachen Detektoren von 1,20 m bei einer Münze! Das ist natürlich Unsinn. **Als Faustregel kannst Du Dir Folgendes merken:**

Ein Metallobjekt so groß wie eine einzelne 2-Euro-Münze wird mit einer, bei guten Markendetektoren durchschnittlichen Spulengröße von ca. 22–28 Zentimetern auf ca. 10–25 Zentimeter Tiefe geortet werden können. Eine Handvoll Münzen mit einem Durchmesser an Metall von ca. 15 Zentimetern kann schon in ca. 40–50 Zentimeter Tiefe, eine gleich große Kanonenkugel durch den höheren Masseanteil an Metall sogar in 50–70 Zentimeter geortet werden. Bei Tiefen um ca. 1 Meter muss das Metallobjekt bei dieser Spulengröße schon mindestens 40 Zentimeter Durchmesser haben.

Tiefen über 6 Meter sind auch mit dem besten Metalldetektor und der größten Spule, wie bei Verwendung einer Rahmenspule mit 2 x 2 Meter Durchmesser, kaum mehr zu erzielen. Hier müsstest Du auf ein Magnetometer, die elektrische Bodenuntersuchung oder sogar auf ein Bodenradar zugreifen.

HINTERGRUNDINFO: PULSINDUKTION

Pulsinduktion wird gerne im militärischen Bereich für die **Minensuche** eingesetzt, denn die Suchtiefe ist der eines VLF-Detektors überlegen. Außerdem bestehen Minen meist aus **ferromagnetischen Stoffen, Eisen oder Stahl.**

PI-Systeme orten alle Metalle auch in schwierigen (mineralisierten) Böden selbst in großen Tiefen, können aber **Metallarten** im Vergleich zu VLF-Detektoren schlechter oder, bei älteren Modellen, gar nicht unterscheiden. Dafür ist die Störanfälligkeit des Metalldetektors auf solchen »schwierigen« Böden oder bei im Boden befindlichen Objekten wie Sand, mineralisierten Steinen, Tonscherben, Holzkohle oder Salzwasser viel geringer ausgeprägt.

Graben & Finden

Aber zurück von den Satelliten auf den Boden der Tatsachen. Und der ist manchmal hart, steinig und massiv. Vor dem Preis liegt somit der Schweiß beim Graben, Buddeln, Schachten, Ausheben, Schaufeln, Durchwühlen. Leg' jetzt die Schaufel weg und greif zum Pinpointer. Er wird Dir verraten, wo im Grabeloch dein Fund steckt.

GRABEWERKZEUG

In erster Linie wirst Du Dein **Grabegerät nach persönlichen Vorlieben** wählen. Ein Schatzsucherkollege von mir schwört auf ein Zwei-Meter-Monstrum einer **Wiedehopfhacke.** Zwar sieht er damit aus wie Gevatter Tod, dem die Sense abhandenkam, hat aber, während ich mit **Klappspaten und Grabemesser** noch an der Oberfläche kratze, schon grobmotorisch eine mannstiefe Grube ausgehoben. Auf der anderen Seite ist er derjenige von uns mit den meisten zerhackten, zerschlagenen oder zerquetschten Fundstücken in der Vitrine.

Mit fortschreitender **Sondiererfahrung** willst Du die wenig erquickliche Buddelei so gering wie möglich halten, detektierst dann sehr genau und versuchst die Objekte so kleinflächig wie möglich anzugraben, landest also entweder beim Spaten oder Grabemesser.

Eine Auswahl an Grabegeräten.

PRAXISTIP: GRABEZWERG

Wer anderen eine Grube gräbt, beauftragt am besten einen Subunternehmer. Ich stelle vor: Das beste Grabegerät aller Zeiten! Das ist ohne Zweifel der »Grabezwerg«. **Im Idealfall ein hoffnungsvoller Newcomer in der Schatzsuche,** der vor Verlangen nach ungeborgenen Schätzen brennt und Dich hingebungsvoll auf Deiner Suche begleiten möchte. Du, der Meister, bedienst souverän den Metalldetektor, er darf hospitieren, lernen und dann ... graben. So erhält Dein persönlicher Grabezwerg nach Deiner erfolgreichen Detektion den energischen Befehl: »Hier graben!« Und schon fliegt die Erde. Leider erweist sich dieses Grabegerät oft schon nach ein paar Stunden, im besten Fall nach ein paar Tagen erfolgloser Suche als nörgelig, wird aufsässig und verweigert irgendwann den Einsatz. Somit bist Du gezwungen, Dir entweder einen neuen Grabezwerg oder vielleicht doch besser eigene Grabegeräte und damit die entsprechenden **Schwielen an den Händen** zuzulegen.

↑ **Für harte Brocken: Felshacke.**

Ein Grabezwerg bei der Spatenarbeit.

Harter Boden, Wurzeln, Steine, Lehm, Wasser, Matsch, Fels bringen Dich und Dein Grabegerät zum Glühen. Doch mit einem geeigneten Grabewerkzeug und dessen überlegten Einsatz beugt man dem Frust vor.

Vor Ort entscheidet sich die Frage nach dem richtigen Grabewerkzeug einzig und alleine an der Bodenhärte. Von harten Böden zu weichen Böden ergibt sich demnach folgende Staffelung: **Bagger, Pickel und Picken** dringen in härteste Böden bis hin zu solidem Fels ein, wird der Boden weicher, genügen zunächst größere, dann kleinere Hacken, wie eine **Chelsea Hacke** oder ein **Sauzahn**. Im erdigen Untergrund tun mehr oder weniger große **Spaten und Schaufeln** einen wertvollen Grabedienst, in weichen Böden wie in Wäldern oder auf Äckern, kannst Du zum **Gärtnermesser** greifen, am puderweichen Sandstrand erfreut die Suche mit dem **Sand-Scoop**.

Pickel gibt es in den verschiedensten Längen und Formen. Bewährt hat sich bei meinen Grabungen der zerlegbare **Mil-Tec US-Pickel,** der problemlos in den Rucksack passt. Pickel sind grobmotorische Geräte. Halt es wie die Archäologen. Mit dem Bagger wird die Krume abgetragen, mit **Grabemesser und Pinsel** anschließend das Fundstück freigelegt, um Schäden zu vermeiden.

Suchst Du aber nur eine gute **Schaufel oder einen Spaten,** wirst Du bei Fiskars oder Black ADA fündig, welche qualitativ hochwertige und massive Grabeschaufeln zu entsprechenden Preisen anbieten. Deutlich preiswerter sind die **Klappspaten der verschiedenen Armeen.** Bei eBay sind diese unter 10 Euro zu ersteigern. Besonders praktisch ist der alte **Bundeswehrspaten,** der sogenannte »Handbagger« mit in-

KAUFTIPP: KÖNIGIN DER SCHAUFELN

Wenn Du zu der Gruppe von Suchern gehörst, die stolz von sich selbst sagen: »Man umgebe mich mit Luxus, auf das Gewöhnliche kann ich verzichten«, dann habe ich die ultimative Schaufel für Dich: Die **»Zune Lotoo Annihilate Shovel«**, nicht nur eine Schaufel, sondern ein komplettes Survivalpaket für ca. 200 Dollar. Mit Messer, Drahtsäge, Notpfeife, Schaufel, Drahtschneider, usw.

Ideal am Strand: Der Sandscoop.

tegrierter Picke. Damit lockerst Du auch steinige Böden. Vergiss Billigkäufe, da die billigen China-Importe aufgrund des weichen Schaufelbleches nur für Sandböden tauglich sind.

Gräbst Du oberflächennah, greif zum **Gärtnermesser,** auch als Pflanzmesser oder japanisches Hori-Hori bekannt. Dieses Zwischending aus schmaler Schaufel und breitem Messer ist auf der einen Messerkante glatt angeschliffen, auf der anderen verfügt es über einen stabilen Wellenschliff, geeignet um widerspenstige Wurzeln durchzusägen. Bei vorherigem genauem Pinpointen mit Metalldetektor und Pinpointer können damit auch sehr kleine Grabelöcher realisiert werden, da die Objekte punktgenau angegraben werden können. Gärtnermesser gibt es in verschiedenen Versionen und in den unterschiedlichsten Preislagen. Der Dictum-Versand bietet ein sehr brauchbares **Messer mit Sägeklinge** an. Andere Bezugsquellen sind Amazon, eBay oder diverse Garten- und Baumärkte.

Einziger Haken: Die Waffengesetze. Feststehende große Messer zu führen, deren Klingen länger als zwölf Zentimeter sind, ist verboten. **Grabemesser sind jedoch als Werkzeuge eingestuft** und fallen nicht unter das Waffengesetz, wenn sie während der Suchtätigkeit geführt und eingesetzt werden. Wohlgemerkt nur beim Suchen. In der Fußgängerzone oder beim Theaterbesuch haben die Messer nichts zu suchen. Perfekt zum punktgenauen Graben ist auch das **Grabemesser von White's.** Nur die Messerscheide solltest Du mit Nieten am Einschub verstärken, diese reißt leicht aus.

PRAXISTIPP: GRABGERÄTE REGELMÄSSIG ANSCHLEIFEN

Alle Grabegeräte an den Schneidkanten immer wieder rasiermesserscharf anschleifen. Dann kann widerspenstiges Wurzelwerk im Boden mit einem gezielten Schlag durchtrennt werden.

PINPOINTER

Der Pinpointer ist zunächst mal nichts anderes als ein kleiner **Handdetektor,** welcher ungemein nützlich sein kann, um schnell und zuverlässig auch kleinste Fundobjekte im Grabungsloch oder im Aushub zu lokalisieren. **Damit findest Du das Objekt Deiner Detektion schneller und sparst Grabezeit.** Die Mini-Metalldetektoren sind nur für die **Kleinraumsuche** gedacht. Ihre Reichweite geht über wenige Zentimeter nicht hinaus. Diese schwankt, bezogen auf eine einzelne mittelgroße Münze, zwischen 3 und 10 cm. Pinpointer funktionieren nach dem **All-Metall-Non-Motion-Prinzip**, d. h. sie zeigen jede Metallart an, erlauben keine Metallunterscheidung und müssen beim Einsatz nicht geschwenkt werden. Alleine die Annäherung an das Metall löst je nach Modell ein Fundsignal per Ton und/oder Vibration aus. Gute Modelle verstärken den Ton mit der Annäherung an das Objekt der Begierde, wodurch die Lage des Fundobjektes genauer bestimmt werden kann. Viele Pinpointer haben eine **LED** verbaut, deren Licht in den meist nachtschwarzen Grabelöchern die Suche erleichtert. **Die meisten günstigen Pinpointer sind nicht wasserdicht.**

Wenn Du Dich entschließen solltest, Dir einen Pinpointer zuzulegen, dann nimm' etwas mehr Geld in die Hand und kaufe Dir ein **wasserdichtes Modell.** Ich habe schon etliche, billige Pinpointer geschrottet, weil sie beim Graben oder der Suche in feuchter Erde nass wurden. Außerdem wird Dein Pinpointer im Einsatz garantiert dreckig. Nichts ist einfacher und praktischer als ein wasserdichtes Modell zu Hause unter lauwarmem, fließendem Wasser abzuspülen. Die **Suchspitze des Pinpointers** ist der am meisten beanspruchte Teil des Gerätes. Mit ihr wird im Loch gekratzt und gebohrt und geschmirgelt. Es verlängert die Lebensdauer Deines Pinpointers, wenn Du diese Spitze mit Tape umwickelt oder den optional erhältlichen **Spitzenschutz** erwirbst.

Meine Empfehlung ist, den Pinpointer mit einem **Spiralkabel** zu sichern, denn nichts ist ärgerlicher als den Weg zum

← Ideal für die Oberflächensuche: Das Grabemesser.

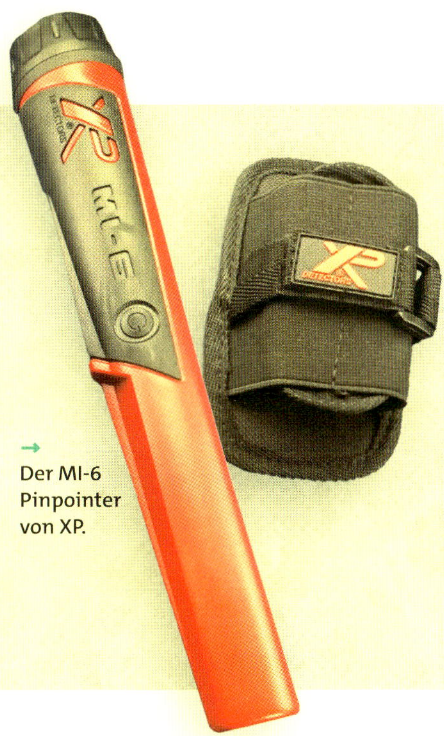

→ Der MI-6 Pinpointer von XP.

EINE PLASTIKTÜTE HILFT

Billige und damit in der Regel nicht wasserdichte Pinpointer steckst Du am besten in eine kleine Plastiktüte, wie sie im Haushaltsbedarf als **»Gefrierbeutel«** gehandelt werden. Diese schützt vor Dreck und Feuchtigkeit. Alternativ kannst Du die Unterseite bzw. die Suchseite **mit Tape wasserdicht abkleben.** Meist hielten solche Billiggeräte dem rauen Outdoor-Einsatz jedoch nicht lange stand und mussten ersetzt werden. Wer billig kauft, kauft hier zweimal.

letzten Grabeloch wiederfinden zu müssen, weil der Pinpointer unterwegs irgendwo aus der Tasche gerutscht ist. Diese Spiralkabel gibt es bei eBay oder im Zubehörhandel für ein paar Euro.

Gut ist, wenn Dein **Pinpointer mit Holster** ausgeliefert wird, welches am Gürtel getragen wird. Die Stabform macht den Transport in der Hosentasche beim Niederknien am Grabeloch unangenehm.

Wie bei den Metalldetektoren kannst Du aus einer **Vielzahl von Modellen** auswählen. Wenn Du nicht gleich in die Oberklasse einsteigen und zunächst ausprobieren möchtest, ob Dir die Arbeit mit einem Pinpointer zusagt, dann findest Du einfache Geräte im Baumarkt unter der Bezeichnung **Kabel- oder Leitungssucher.**

Unterwasserdetektor

Taucher greifen als wasserdichte Alternative für größere Tiefen auf den Secon UWM oder UWPP sowie Modelle von Treasure Products oder Deteknix zurück. Diese sind bis 30 Meter wasserdicht.

Modellübersicht von Pinpointern nach den Kriterien Tiefenleistung und Handling im rauen Sucheinsatz:

Fisher F-Pulse	*ca. 150 Euro*		++
GARRETT Pro Pointer 2	*ca. 140 Euro*		++
GARRETT Pro Pointer AT	*ca. 160 Euro*	[EMPFEHLUNG DES AUTORS]	+++
XP MI-4	*ca. 130 Euro*		+++
XP MI-6	*ca. 160 Euro*	[EMPFEHLUNG DES AUTORS]	+++
Deteknix	*ca. 160 Euro*		+++
White's Bullseye II	*ca. 60 Euro*		++
Minelab Pro Find	*ca. 180 Euro*		+++
Freepointer	*ca. 40 Euro*		+
GPP	*ca. 279 Euro*		+++
Baumarktmodelle	*ca. 15 Euro*		+
Vibra Probe f. Unterwasser	*ca. 170 Euro*		++
Deteknix Scuba f. Unterwasser	*ca. 449 Euro*		++

KAUFTIPP: PINPOINTER

Zwar ist der **Garrett Pro Pointer AT** bisher der Platzhirsch unter den Pinpointern. Aber die »Karotte« hat kürzlich eine potente Konkurrenz bekommen.

Für etwa den gleichen Preis wie die Karotte bekommt der Besitzer eines Deus der Firma XP den Pinpointer von **XP, den MI-6.** Führt der Deus mit seiner hochwertigen kabellosen Technik momentan im Reigen der sehr guten Metalldetektoren, setzt der MI-6 noch einen drauf. Er lässt sich mit der Steuereinheit des Deus **koppeln**, kann dort programmiert werden und gibt auf dem Display des Deus Daten aus, wie Entfernung zum Fundstück, Batteriealarm, Verlustanzeige, usw. Auch die Reichweite lässt sich in drei Stufen variieren. Zum Ausleuchten des Grabungsloches ist eine starke LED verbaut, eine stabile Kante erlaubt es, mit dem Pinpointer im Erdreich nach dem gesuchten Objekt zu »schaben«. Sechs Meter ist das Gerät wasserdicht, damit tauglich für die Brandungszone. Ein Muss für alle Deus-Besitzer und eine Empfehlung für die Eigner anderer Detektorenmarken.

Etwas preiswerter und ebenfalls für alle anderen Metalldetektoren geeignet ist der kleinere Bruder, der **MI-4 von XP.** Meine zweite Empfehlung, der Garrett-Pro Pointer AT ist sehr stabil, ich möchten fast sagen »unkaputtbar« und bis zu einer Tiefe von 3 Meter wasserdicht. Metallobjekte werden wahlweise per Ton oder Vibration angezeigt. Ich kenne keinen Pinpointer, der eine größere Reichweite hätte. Besonders praktisch ist, dass man die Empfindlichkeit des Pinpointers herunter regeln und auf diese Weise das Objekt noch genauer lokalisieren kann. Die Bedienung erfolgt über lediglich einen Druckknopf. Damit ist die Karotte ihren stolzen Preis von ca. 160 Euro durchaus wert. Ein besonderes Gimmick an diesem Gerät ist die **»Lost-Funktion«.**

Bei längerem Liegenlassen oder Verlust meldet sich die Karotte lautstark und piepst nach ihrem Besitzer.

Wer den stolzen Preis scheut, kann zum günstigen China-Imitat greifen. Bei eBay für ca. 30 Euro erhältlich, ist der Pinpointer durchaus brauchbar. Zwar fehlen alle Komfortfunktionen des Originals, aber er erfüllt seinen Zweck. Doch Vorsicht! **Im Gegenteil zum Original ist das Imitat nicht wasserdicht.**

Sonstige Ausrüstung

Wie singt der rosarote Panther in seinem Refrain in der gleichnamigen Serie: **»Es ist lange noch nicht Schluss«.** Genauso wird es Dir ergehen, denn meiner Erfahrung nach wirst Du während des Standortchecks und der ersten Suche etwas feststellen wie: Da sind noch eine Hütte und ein seltsames kleines Loch im Steinhaufen.

Wenn Du in einem Haus gesucht hast, wäre da vielleicht noch eine interessante Kellerwand und ein dunkler Schacht, der überprüft werden will. Und schon stöhnt der Geldbeutel, denn es ist lange noch nicht Schluss mit Ausrüstungskäufen. Vielleicht nun nicht bei der Untersuchung des Schachtes, da kannst Du Dein Handy fest verschnüren, die Lampe und **Videofunktion** einschalten und ein spannendes Schachtvideo drehen, das Du später auswertest.

Tauchkamera

Professioneller und direkt auf einem Bildschirm verfolgbar ist natürlich eine kabelgesteuerte Tauchkamera. Die kannst Du in **Brunnen, Schächten, Kaminen, und Abzügen** hinablassen und interessante Orte direkt betrachten sowie Fotos davon machen. Und Du glaubst nicht, was an dunklen Orten alles auf Dich wartet.

Überraschende Funde können sich überall verstecken.

KURIOSE FUNDE DANK MODERNER TECHNIK

Auf einer alten Festung fand man bei einer Kamerabefahrung des Burgbrunnens eine möblierte vergessene Kammer im Schacht. Der Herzog meinte damals wohl es wäre, aus welchen Gründen auch immer, höchst vergnüglich, ab und an einige Stunden im Brunnen zu verbringen.

Nun denkt man ja, die Pyramiden wären erforscht. Welche Überraschung, als man 2001 schräge Entlüftungskanäle entdeckte. Kleine Kameraroboter fuhren hoch, entdeckten 3000 Jahre alte Sondierhaken und eine Mauer, welche die Weiterfahrt versperrte. Was sich dahinter verbirgt, ist bis heute nicht erforscht.

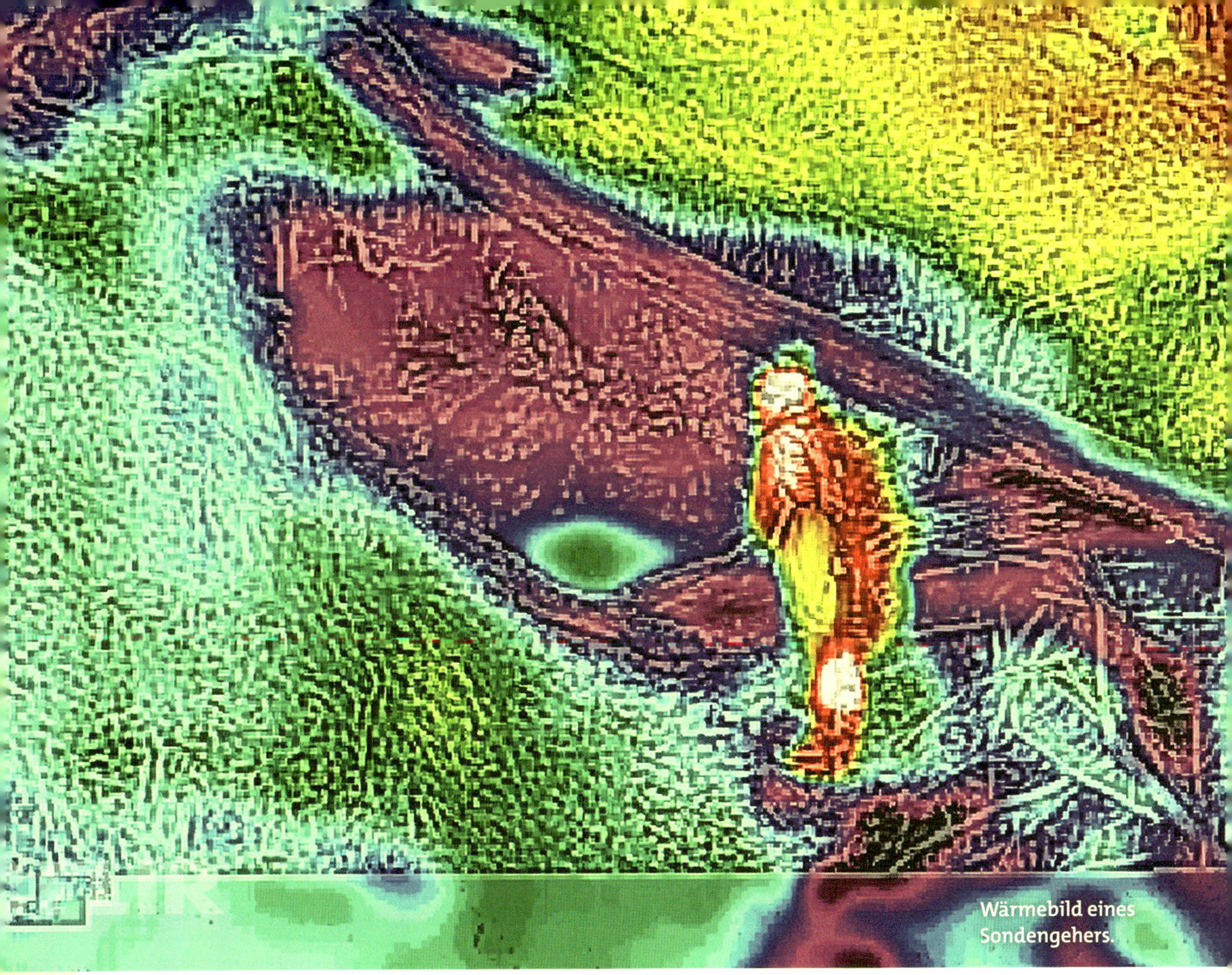
Wärmebild eines Sondengehers.

UV-Lampen und Endoskope

Sollen auch Dir eine **Wand oder ein Hohlraum** ihre Geheimnisse verraten, helfen **ultraviolette Lampen oder Endoskope.**

UV-Licht verrät Dir, inwieweit die Oberfläche bearbeitet wurde und neulich erst vergipst, vermörtelt oder überstrichen worden ist. Auch ob ein Backstein neu eingesetzt wurde, zeigt das Licht anhand der Mörtelfarbe. Vermutest Du einen Hohlraum, musst Du nicht die Wand einreißen oder den Einbauschrank mühselig abmontieren. Greif zum Endoskop, bohre ein 11-Millimeter-Löchlein, steck es rein und **lass Dich überraschen,** was dahinter liegt. Verteilerkasten oder Schatzkisten?

Infrarotbildkamera

Willst Du sehen, welche Form das Objekt in der Wand hat, nutz' eine Wärmebildkamera. Im robusten Outdoor-Handy **Cat S60 und 61** ist sie sogar im Handy integriert. Die Kamera bietet bei entsprechender Vorarbeit einen Einblick ins Mauerwerk. Sind darin Artefakte wie Safes, Geldkassetten, Hohlräume und hoffentlich Goldbarren eingemauert, dann zeigt Dir diese das Kamerabild.

Du musst aber vorher ein **Temperaturgefälle** erzeugen, indem Du z. B. das Zimmer aufheizt und schlagartig abkühlst. Die unterschiedliche **Wärmeleitfähigkeit** von Mauerwerk und beispielsweise Safestahl zeichnet sich dann auf Deiner Wärmebildkamera ab und voilá, schon ist der Safe sichtbar.

RECHERCHE

Archive, Akten und das Internet

Jagst Du einem verlorenen Schatz hinterher, ist die sorgfältige Recherche eine der wichtigsten Methoden, um sich an den Fundort heranzuarbeiten. Je umfangreicher Du versuchst, Informationen zu Deinem Projekt zu erhalten und einzuarbeiten, desto genauer wirst Du Schlussfolgerungen hinsichtlich des Verstecks ziehen können.

Auf den folgenden Seiten will ich Dich in die Grundlagen der Recherche einführen.

←
Immer sehr hilfreich: alte Karten.

Im Normalfall bist Du zufällig oder gezielt auf die Geschichte eines verlorenen Schatzes gestoßen. Der kann vor langer Zeit verloren gegangen sein oder erst kürzlich, sodass noch **Zeitzeugen** vorhanden sind, wie bei den Verbringungen Ende des zweiten Weltkriegs. Oder die Mischung daraus: »Der Uropa eines Bekannten hat erzählt ...«

ZEITZEUGEN

Gibt es noch Zeitzeugen?

Wichtig ist es, so schnell wie möglich Kontakt mit Zeitzeugen aufzunehmen, leider tickt die biologische Uhr und Zeitzeugen werden nicht jünger. Deshalb ab ins Internet und nach der Telefonnummer suchen.

Ist die Bereitschaft für ein Gespräch gering, dann hilft es mit einer **Coverstory** aufzutreten wie: »Ich bin Hobbyhistoriker und schreibe ...« oder »Ich recherchiere für ein Buchprojekt ...« Denk auch immer daran, dass Du wahrscheinlich nicht der erste bist, der sich aufgrund der Geschichte meldet. Versuch einen Gesprächstermin zu vereinbaren.

Telefoninterviews solltest Du nur durchführen, wenn es nicht anders geht, sonst verpasst Du die Fülle nonverbaler Signale in einem persönlichen Gespräch. Diese signalisieren Dir, inwieweit die Geschichte oder Details davon zutreffend oder falsch sein könnten.

Bereite Dich auf das Interview vor und nimm das Gespräch auf. So kannst Du die Antworten in aller Ruhe später auswerten. Bei der optimalen Gestaltung eines Interviews hilft es Dir, anhand der folgenden **Checkliste** vorzugehen:

CHECKLISTE INTERVIEW

1. Vorbereitung

>> Über **welche Inhalte** der vorliegenden Schatzgeschichte möchtest Du Dich unterhalten? Grenze das Thema möglichst klar ein, um nur relevante Informationen zu erhalten, sonst schweift Ihr ab.

LÖSE DICH VON DEINEN VORSTELLUNGEN!

Douglas Sayer, dem Autor des hervorragend recherchierten Sachbuches »Nazi Gold« gelang es, einen der Beteiligten der Bergung von mehreren Tonnen Reichsbankgold in Amerika ausfindig zu machen. Er übersandte **Sgt. Singleton** einige Bilder der Bergung und bat in dem darauffolgenden Telefoninterview um die Identifikation der abgebildeten Personen. Singleton erkannte niemand auf den Bildern. Sayer konnte es nicht glauben und war überzeugt, dass Singleton Erinnernungsprobleme habe, evtl. schon etwas dement sei und beschloss Singletons Geschichte als Hirngespinst abzutun. Er wollte schon das Interview als Sackgasse beenden, als er einen **Geistesblitz** hatte. Was, wenn eine zweite Bergung unabhängig von der Bergung des Reichsbankgoldes stattgefunden hätte? Und so war es dann auch. Weitere drei Tonnen Barrengold waren damals unabhängig aus einem zweiten Versteck geborgen worden.

Römische Öllampe im Museum.

Nach dieser Infosammlung wirst Du die erste **Analyse** vornehmen: Verwirrte Schatzphantasie oder solide Schatzgeschichte? Vergib nun eine subjektive Verlässlichkeitsbewertung.

Bekommt die Geschichte von Dir bis 30 Prozent Wahrscheinlichkeit, lass es. Es handelt sich wohl um eine der vielen Fake-Geschichten rund um Schätze. 30–60 Prozent bedeuten, dass Du noch mehr Infos einholen solltest. Oft hast Du ja aus dem ersten Gespräch heraus Namen von Beteiligten, Orten oder Zeitpunkten.

Überleg Dir, wen Du noch ansprechen könntest, welche Quellen Dir noch zur Verfügung stehen. **Ab 60 Prozent subjektive Verlässlichkeit kannst Du den nächsten Schritt einleiten, die Theorieerstellung.** Geh nun nicht davon aus, dass Du der erste bist, der diesen Schatz sucht. Sehr viele Schatzsucher suchen das Bernsteinzimmer oder den Zarenschatz. Und dabei nutzt jeder Schatzjäger die gleiche **Herangehensweise:**

1. ***Bestätigung der Geschichte,***
2. ***Recherche von Infomaterial und daraus die***
3. ***Entwicklung eines theoretischen Fundortes oder Fundgebietes.***

Das ist wichtig! Dass ein Schatz nicht gefunden wird, liegt meist nicht daran, dass er nicht vorhanden ist, sondern daran, dass die der Suche vor Ort zugrundeliegende Theorie falsch ist. Der Nibelungenschatz ist dafür ein Beispiel. An den verschiedensten Orten wurde entlang des Rheins gesucht, bisher ohne Erfolg. Dass der Schatz existiert, ist gesichert, der Suchort nicht.

Verschaffe Dir also einen **Überblick über die bisher verwendeten Suchansätze und Suchorte.** Über viele Schatzsuchen gibt es Informationen im Internet. Lies Dir die Artikel aufmerksam durch. Wie wurde der Suchansatz in diesem Gebiet begründet? Prüfe, ob Deine Theorie ebenfalls zum gleichen Ergebnis kommt. Wenn ja, liegst Du falsch. Wenn nein, spricht es für Deine Theorie über den Ort des Versteckes.

Bronzezeitliche Helme im Museum.

DIE CHRONISTEN

Indirekte Informationen liefern zu Deiner Schatzsuche eventuell noch die Schriften der Chronisten. Heute würde man sie als **Biographen oder Geschichtsschreiber** bezeichnen. Viele mehr oder weniger hochgestellte Persönlichkeiten dokumentierten in der Vergangenheit ihre Lebensleistung mit Hilfe fest angestellter Autoren, den Chronisten. Und dies unterschiedlich authentisch und historisch zutreffend.

Meist war die Biographie eine schamlose Lobhudelei nach dem Motto: »Wes Brot ich ess, des Lied ich sing.« Aber für Dich werden dadurch Daten, Orte und Persönlichkeiten greifbar, anhand derer die Legende überprüft werden kann. War Alexander der Große wirklich im heutigen Österreich unterwegs? Ritt Alarich an seinem Sterbetag durch heute italienische Gebiete? Die Chronisten oder Biografien haben's notiert. Leider meist in der jeweiligen Landessprache oder in der damaligen **Lingua franca,** dem Lateinischen.

Später kamen dann die **Kirchenregister** und die **Schriften der Mönche** dazu. Diese sind oftmals in den Klöstern und Kirchenarchiven einsehbar und beinhalten neben Sterbedaten und kirchlichen Schriften chronologische Geschichtsaufzeichnungen, Karten und Daten historischer Vorkommnisse und Personen.

Denk daran beim Kartenstudium alter Karten: Früher waren die Karten nach dem Zentrum des Christentums, der heiligen Stadt Jerusalem mit der Grabeskirche ausgerichtet, während arabische Karten nach Mekka wiesen. **Alte Karten sind für uns heute verwirrend,** da sie nicht maßstabsgetreu sind und darauf angelegt waren, Eleganz und Ordnung der göttlichen Schöpfung zu preisen. Also schon damals: Schönheit vor Wahrheit. Trotzdem lassen sich viele Informationen ablesen wie z. B. auf der Tabula Peuteringeriana, einer 680 x 34 Zentimeter großen Rollkarte, die das römische Straßennetz mit seinen Pferdewechselstationen abbildet. Daraus lassen sich beispielsweise Hinweise auf bisher nicht entdeckte römische Wegstationen und Ortschaften auslesen.

Uralte Karte mit Straßennetz.

Chroniken aus dem Mittelalter.

Nachdem eine schier unübersehbare Fülle an historischen Informationen in Archiven, Bibliotheken, Sammlungen und im Internet zur Verfügung steht, würde es den Rahmen sprengen, auf alle Quellen geschichtlicher Landeskunde einzugehen.

Stellvertretend sollen hier einige **Webseiten mittelalterlicher Geschichte,** welche in ähnlicher Form in Österreich und der Schweiz existieren, vorgestellt werden:

RI-Opac

Der RI-Opac ist eine frei zugängliche, alle Fachdisziplinen berücksichtigende Literaturdatenbank für die mediävistische Forschung des gesamten europäischen Sprachraums.

Monumenta Germaniae Historica

Online-Ausgabe der MGH: Spätantike und mittelalterliche Historiographie und Hagiographie, Rechtstexte, Urkunden und Briefliteratur.

Deutsche Reichstagsakten

Es handelt sich um ein zentrales Editionsprojekt von Quellen zur Geschichte des Mittelalters und der Frühen Neuzeit in Deutschland. Herausgegeben wird sie seit ihrer Gründung von der Historischen Kommission bei der Bayerischen Akademie der Wissenschaften in München.

Bibliothek der Kirchenväter

Patristische und theologische Schriften der Antike und des frühen Mittelalters in deutscher Übersetzung, erschienen in drei Reihen zwischen 1831 und 1938.

Acta Sanctorum

Sammlung von Viten, Märtyrerberichten, Translations- und Mirakelberichten von Heiligen der griechischen und katholischen Kirche aus Antike und Mittelalter, zusammengestellt durch die Societé des Bollandistes.

regionalgeschichte.net

Die Website www.regionalgeschichte.net ist ein Internetportal zur regionalen und lokalen Geschichte einzelner Regionen in den Bundesländern Rheinland-Pfalz und dem Saarland. In den regionalen Portalbereichen gibt es historische Informationen zur Landes-, Regions- und Ortsgeschichte, digitale Quellen, Onlinepublikationen und vieles mehr.

Raus geht's: die Feldarbeit

Jetzt beginnt die Feldarbeit. Der erste Schritt ist ein Location Check. Du machst Dir ein Bild vor Ort und führst den Presearch durch. Also pack schon mal den Detektor mit ein, eine Landkarte mit kleinem Maßstab (1:10.000 oder 1:5000), ein GPS oder Google Maps auf dem Handy oder Pad und eine Kamera. Ist Dein Zielgebiet ein größeres Areal, dann vielleicht sogar eine Drohne, um einen Überblick aus der Luft zu bekommen.

IMMER ÖFTER DIGITAL: KARTENARBEIT

Ich arbeite in der Regel mit digitalen Karten auf meinem Pad. In Bayern, wenn möglich, online mit dem Bayern Viewer als Kartengrundlage. Viele Bundesländer in Deutschland bieten in ähnlicher Form diesen Service der **Vermessungsämter** an. In der Schweiz bei Swisstool, in Österreich geoland.at. Vom relevanten Gebiet erstelle ich **Screenshots und bearbeite diese am Suchort** mit einem Bildbearbeitungsprogramm.

Onlinekarten, für deren Bearbeitung eine Internetverbindung notwendig ist, sind ungeeignet bei der Feldarbeit, da in vielen Gebieten **Funkstille** herrscht. Mach Dir dann im Vorfeld einen Screenshot oder kauf Dir eine digitale Karte fürs Tablet oder Smartphone. Digitale Karten werden von den Landesvermessungsämtern oder Verlagen zum Kauf als Download oder auf CD/DVD angeboten. Papierkarten bieten zwar eine bessere Übersicht, jedoch kannst Du aus digitalen Karten mit dem Mauszeiger spielend einfach Geo-Koordinaten herauslesen und diese auf Dein GPS-Gerät übertragen. Die beste Möglichkeit für die Planung Deiner Suche liefern Dir **Karten im Maßstab bis 1:10.000.** Mit Hilfe dieser Karten verortest Du Dein Suchgebiet und versuchst die Geschichte anhand der **Topographie** nachzuvollziehen. Letztendlich führst Du so einen ersten **Plausibilitätscheck** durch. Gibt es den Weiler überhaupt, hinter dem etwas vergraben worden sein soll? Existiert der Teich, in den zum Kriegsende Ausrüstungsgegenstände der Wehrmacht geworfen worden sein sollen? Gibt oder gab es eine Burg in der Gegend, wo Dein Bekannter beim Pilzesammeln die mittelalterliche Münze fand?

← Historisches Kartenstudium: Kartenlesen will geübt sein.

→ Fieseler Storch: Vermutliche Absturzstelle des Flugzeugs.

LUFTBILDER

Bestätigt die topographische Karte Deine Geschichte, lohnt es sich, Google Earth zu öffnen, denn zu einer effizienten Vorbereitung gehört es auch, das **Suchgebiet aus der Luft** zu kennen. Die Luftaufnahme zeigt Dir vielleicht Dinge, die in der topographischen Karte nicht eingezeichnet waren.

Neben Google Earth als erste, leicht verfügbare Informationsquelle stehen bei intensiveren Recherchen Luftbilder auf der abzuarbeitenden Liste. Denke in diesem Zusammenhang auch an **historische Luftbilder,** die Du über Luftbildstellen an den Landesvermessungsämtern beziehen kannst. Historische Luftbilder gibt es ab 1954 von fast jedem Ort. Da haben die Engländer angefangen, Deutschland und Österreich vollflächig abzufotografieren. Genauso ist es um die Gegenden bestellt, die in den Anflugrouten der Bomberflotten während des zweiten Weltkrieges lagen. Hier steht **ausreichend Bildmaterial** zur Verfügung, da vor jedem Angriff Aufklärungsflugzeuge geschickt wurden, welche die Einflugschneisen akribisch abfotografierten, um den Einsatz vorzubereiten.

RECHERCHE: FIESELER STORCH

In einem alten Buch fand sich ein Hinweis auf einen abgestürzten »Fieseler Storch«, ein Aufklärungsflugzeug der Wehrmacht, dessen Reste noch im Wald lagen. Ein Anruf beim noch lebenden Piloten ergab ein Gebiet in den Bergen: Vor Ort fanden sich noch einige Reste der Kabine.

INFO: LUFTBILDER

Die Kosten für Luftbilder richten sich nach der Größe des abgebildeten Ausschnittes und betragen bei einer Größe von 23 x 23 cm, schwarzweiß, etwa 30 Euro. Ein Luftbild der Größe 150 cm x 150 cm schlägt dagegen mit stolzen 110 Euro pro Bild zu Buche. Werte nun diese Bilder aus. Bekommst Du die »Lubis« digital, kannst Du sie auf dem Computer vergrößern. Auf Papier hilft eine starke Lupe. Du wirst staunen, was alles erkennbar ist.

Hilfreich können bei Deiner Recherche auch **historische Karten** sein. Diese sind meist nur auf Papier zu bekommen, seltener digital. Über eine Suchmaschine im Internet kannst Du vereinzelt digitalisierte, historische Karten finden. Bei uns in Bayern arbeite ich gerne mit dem Bayern Viewer, einer Art Google Earth für Bayern. Im Bayern Viewer besteht die Möglichkeit, verschiedene Ebenen ein- oder auszublenden und auf diese Weise von der Luftbilddarstellung auf Kartendarstellung, praktischerweise auch auf historische Karten ab 1860, zu wechseln.

Nutze digitale Geländemodelle.

Viele Landesvermessungsämter bieten zusätzlich die Möglichkeit, ein digitales Gelände-Modell zu betrachten. Diese recht junge Technik der Oberflächenanalyse zeigt die geschummerten Daten des **digitalen Geländemodells (DGM)** in einer Auflösung von bis zu 1 m! Es handelt sich beim DGM um eine Abtastung der Erdoberfläche mittels Lasertechnik. Anschließend werden der Bewuchs und die Bebauung weggerechnet und damit steht Dir die reine Bodenstruktur für Deine Analyse zur Verfügung.

Das DGM kannst Du kostenpflichtig bei den Landesvermessungsämtern bestellen. Der Quadratkilometerpreis liegt, bei günstigen zwei Euro/Quadratkilometer bei einer Auflösung von einem Meter.

Mit etwas Übung wird es Dir gelingen, **auffällige Geländemerkmale,** die größer als einen Meter sind, am Ort Deiner Suche zu lokalisieren. Bei gebirgigen oder unruhigen Oberflächen ist das DGM aufgrund des strukturreichen Reliefs weniger geeignet und stößt an seine Grenzen.

Sollten keine historischen Karten im Internet recherchierbar sein, hilft Dir unter Umständen das heimatliche **Stadt- oder**

←
Luftbild aus dem zweiten Weltkrieg

Alte Wanderkarte aus der Bibliothek des Alpenvereins.
↙

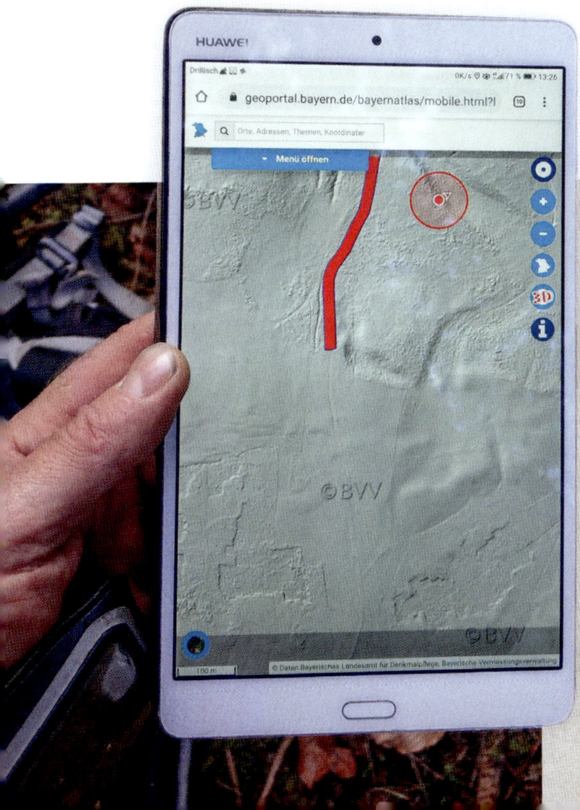

←
Online im Suchgebiet:
Eine Simcard im Pad macht's möglich.

Abgeleitetes Suchkonzept.
↓

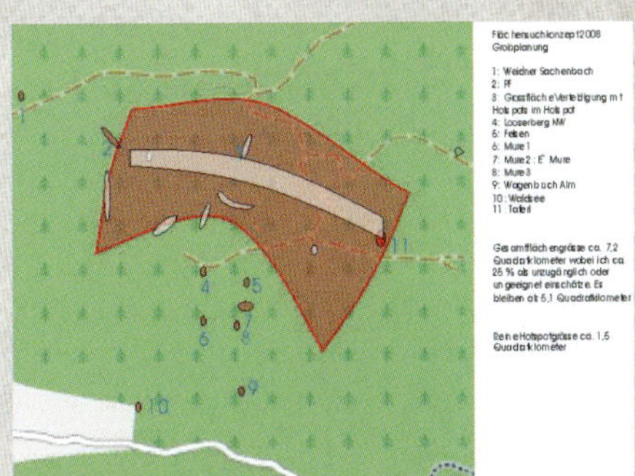

Gemeindearchiv. Auch fast jede Geschäftsstelle des Alpenvereins verfügt über (altes) Kartenmaterial der Region, z. B. aus Spenden und Nachlässen von Mitgliedern. **Historische Vereine oder Heimatvereine** stellen ebenfalls eine Anlaufstelle dar, unter Umständen auch die Archive von Forstämtern.

Trete aber mit großem **Fingerspitzengefühl** an historische Vereine und Behörden heran, denn einige reagieren äußerst allergisch auf Schatzsucher und setzen diese generell mit Raubgräbern gleich.

Apropos Raubgräber. Um nicht versehentlich zu einem solchen zu werden, ist ein Blick in den Denkmalatlas Pflicht. Diese stehen meist als Denkmalverzeichnisse oder Denkmallisten, in Bayern sogar in Kartenform, als Denkmalviewer, im Internet zur Verfügung.

Damit vermeidest Du das ungewollte und gleichzeitig verbotene Suchen auf Bodendenkmälern. Es besteht auch die praktische Möglichkeit, im **Denkmalatlas** gezielt über die Eingabe von Postleitzahlen nach Denkmälern zu suchen.

Diese ganze Vorrecherche mittels Karten und Luftbildern dient Dir letztendlich dazu, **das Suchgebiet einzugrenzen.** Überlege Dir genau, wo Du suchen willst. Je genauer Du das Gebiet der größten Fundwahrscheinlichkeit, den oder die Hot Spots definierst, desto größer ist die Chance etwas zu finden.

↑ Kreuzcheck: Wer ist abgebildet?

KREUZCHECK

Der zweite Teil Deiner Vorbereitung ist der Kreuzcheck. Ich ziehe nicht mehr los, wenn ich nur von einer Seite oder aus einer Quelle einen Hinweis auf ein Versteck habe. Zeitzeugen passieren unabsichtlich **Erinnerungsfehler.** So täuschen sie sich mal beim Ort, mal bei den beteiligten Personen und ab und an ist eine Geschichte einfach ein Hirngespinst, das über Generationen weitererzählt wurde. Viele Schatz- und Versteckgeschichten beruhen nämlich lediglich auf **Hörensagen oder Gerüchten.** Sie sind zum Teil frei erfunden oder wurden immer mehr aufgeblasen.

Wer schon einmal »Stille Post« gespielt hat, weiß, was aus einer Nachricht werden kann. Deshalb sollten die erhaltenen Informationen gegengecheckt werden: Gibt es einen weiteren Zeugen, noch besser Beweisdokumente? Du suchst konkret nach einer zweiten, **von der ersten völlig unabhängigen Quelle.** Ein typisches Beispiel für solche Hirngespinste, die Du mittels Kreuzcheck leicht verifizieren kannst, ist der ominöse, immer wieder auftauchende LKW der Wehrmacht, der in den letzten Kriegstagen einige geheimnisvolle Kisten in den Wald gefahren hat. Beinahe in jeder Gemeinde kursiert dieser Mythos.

Der Kreuzcheck vermeidet, toten Geschichten nachzugehen, davon gibt es nämlich viele, erhöht die Wahrscheinlichkeit eines Fundes ungemein und spart im Gegenzug sinnlose Suchanstrengungen.

Winter ist Recherchezeit

Nutze die Schlechtwettertage für Besuche Deines Heimatmuseums oder Deines Stadtarchivs für Recherche und Kreuzcheck. Dort stehen oftmals neben alten Karten auch Bücher mit Titeln wie »Kelten in der Region«, »Römerwege in …«, »Alte Flurnamen und ihre Bedeutung«, aus deren Informationen Du weitere mögliche Suchorte eruieren kannst.

LOCATION-CHECK UND HOT SPOTS

Nimm jetzt Dein Zielgebiet in Augenschein und fahnde nach Auffälligkeiten. Das kann vieles sein: unnatürliche Bodenstrukturen wie viereckige Senken, Grundmauern, Baumzeichen, Schachtdeckel, Markierungen, Hohlwege, Bauliches, seltsame Hügel usw. Zeichne alles auf Deiner Karte ein und such mit dem Detektor nach Leitfunden. Danach planst Du das weitere Vorgehen.

Beginne mit den Auffälligkeiten: Welches sind die Hot Spots, die Dir aufgefallen sind?

Was für eine Ausrüstung benötigst Du zusätzlich zur Untersuchung dieser Hot Spots? Leihen oder kaufen? Welche Manpower? Welche Genehmigungen sind notwendig? Wie sieht Dein **grober Zeitplan** aus? Unter optimalen Bedingungen kannst Du damit rechnen, pro Tag zu Fuß je nach Gelände und Funddichte zwischen 25.000 und 35.000 Quadratmeter zu untersuchen. Das sind knapp fünf Fußballfelder in Vollzeitsuche, ohne An- und Abfahrt und bei ebener Fläche wie z. B. auf einem Acker. Plane auf dieser Basis Deinen Zeitbedarf. Ist das

Hot Spot Burgruine.

Gebiet stark verschrottet, grabe nicht alles aus, sondern informiere Dich über mögliche metallische Bestandteile des vermuteten Schatzes. Diese Metalle haben bestimmte **Leitwerte.** Achte auf Deinem Detektor auf diese Leitwerte. Und bestimme Dir eine Graberegel, wie z. B. ich grabe jedes dritte interessante Signal an, oder nur Buntmetallleitwerte. Und dann: Viel Glück und Gut Fund.

Antike Schätze und der Anwalt des Teufels

Schwieriger ist die Recherche, wenn die **Schatzgeschichte aus ferner Vergangenheit** stammt. Basis ist meist eine Sage, eine Überlieferung, eine Mär oder eine Legende. Hier lässt sich meist keine zweite Quelle auftun. Ein Kreuzcheck ist nicht möglich. Jetzt hilft nur der Glauben weiter. Entweder Du glaubst an die Geschichte oder nicht. Wie Heinrich Schliemann an die »Ilias« oder Howard Carter an die Existenz weiterer Gräber im Tal der Könige. **Besuch aber gedanklich auch den Friedhof der toten Schatztheorien**. Denk daran, auf einen erfolgreichen Schatzsucher kommen hundert, deren Theorien sang- und klanglos untergingen. Setz auf kein totes Pferd und bleib misstrauisch. Nimm Du oder ein Mitglied Deines Teams gedanklich die Position eines »Advocatus Diaboli« ein. Seine Aufgabe ist es, die Suchtheorie auf Schwachstellen abzuklopfen und darzulegen, warum der Suchansatz und der daraus abgeleitete Ort nicht zutreffen können.

In einigen Fällen jedoch gibt es aber doch noch Unterlagen. Beispielsweise über die spanischen, portugiesischen oder englischen Schatzflotten. Deren Verluste in Stürmen oder durch Piraten wurden von den Behörden akribisch erfasst und sind heute in Archiven zugänglich. Aufgrund von Informationen aus spanischen Archiven forschte der amerikanische Schatzsucher Mel Fisher nach der »Atocha« und fand diese schließlich vor Florida.

Grabkammer eines Pharaos.

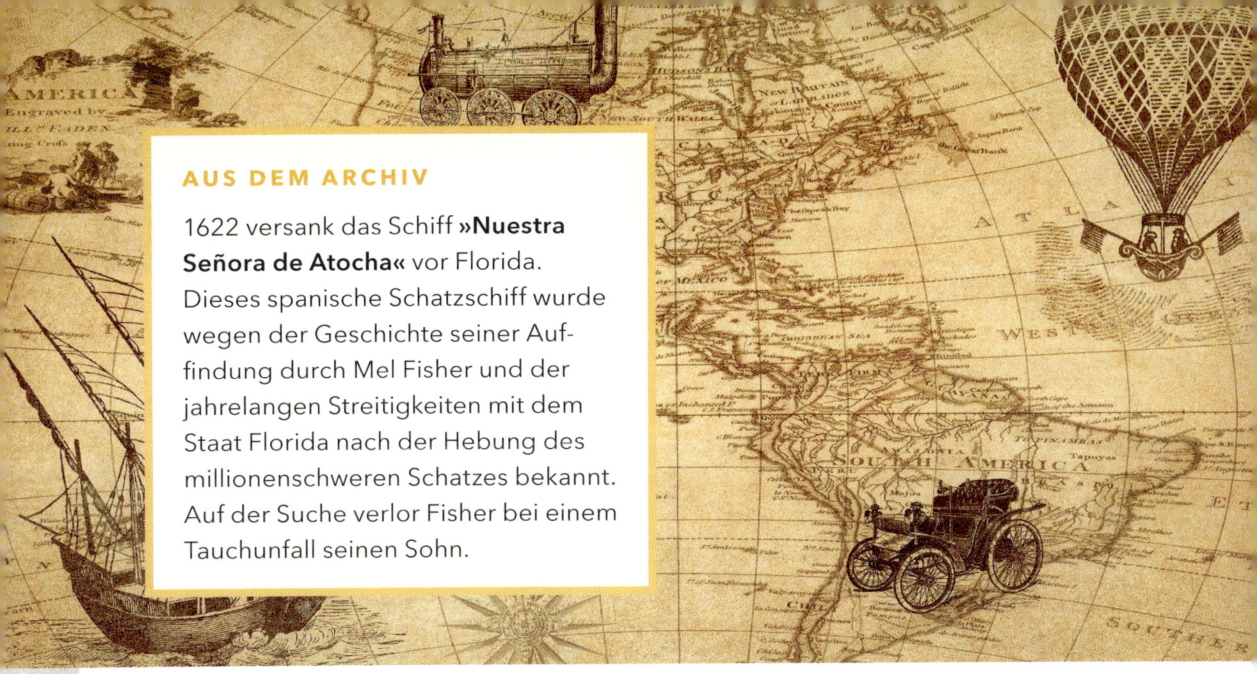

AUS DEM ARCHIV

1622 versank das Schiff **»Nuestra Señora de Atocha«** vor Florida. Dieses spanische Schatzschiff wurde wegen der Geschichte seiner Auffindung durch Mel Fisher und der jahrelangen Streitigkeiten mit dem Staat Florida nach der Hebung des millionenschweren Schatzes bekannt. Auf der Suche verlor Fisher bei einem Tauchunfall seinen Sohn.

Badeufer

Ein befreundeter Sondengeher hat sich die Badeufer Hamburgs als Suchgebiet für verlorene Schätze ausgesucht. Durch **Hochwasser und Spülfluten** ändern sich immer wieder die Uferbereiche und geben auch tief liegende Schmuckstücke frei. Seine Schmucksammlung umfasst inzwischen dreizehn(!) jeweils zehn Liter fassende Eimer mit Gold-, Silber- und Modeschmuck.

Gewässerböden

Die **Gewässerböden von Seen und Meeren** nach Preziosen zu durchsuchen, hat einige gewichtige Besonderheiten gegenüber der Landsuche. Was dort liegt, wurde in der Regel nicht bewusst dort versteckt, sondern ging verloren (Schiffbruch!). Oder würdest Du die Goldmünzensammlung des Opas in einem See versenken? Denn Schätze werden versteckt, um sie zu geeigneter Zeit wieder zu bergen. Wie soll das für den Normalbürger tief unter Wasser funktionieren? Selbst wenn Du mittels GPS den genauen Versenkungsort dokumentiert hast, Du musst irgendwie auf den Gewässerboden gelangen, also die entsprechende **Taucherfahrung** haben und dann ist die nächste Frage, ob Deine Preziosen nicht tief in den schlammigen Untergrund des Gewässer eingesunken sind, von Sedimenten überdeckt oder von Strömungen verlagert wurden. Nein. **Niemand wirft ein Gut, was er irgendwann wieder bergen möchte, freiwillig in einen See.** Dort landen nur Müll und Schrott oder Dinge, die für alle Zeiten der Wiederentdeckung entzogen werden sollen. Eigentlich. Anders als die seinerzeit im August 1959 wiederentdeckten, von den Nazis gefälschten, britischen 50-Pfund-Noten im Toplitzsee.

Hotspot unter Wasser: Schiffswrack.

35 CHANCEN, EINEN VOLLTREFFER ZU LANDEN

Es gibt noch viel zu finden

Die Schätze dieser Welt **sind auf der ganzen Erde versteckt.** In uralten Pyramiden der Ägypter, in Ruinenstädten der Azteken, in keltischen Ringwällen, römischen Ruinen, bronzezeitlichen Siedlungen und mittelalterlichen Burgen ebenso wie in neuzeitlichen Siedlungsgebieten, Grabfeldern und Kirchenruinen, im Meer und an Land.

← Das Gold der Sachsen.

DEUTSCHLAND – LAND DER SCHÄTZE

Deutschland ist reich an verborgenen und verlorenen Kostbarkeiten. Einige der in deutschem Grund und Boden gefundenen Schätze gehören zu den wertvollsten der Welt.

Kelten und Römer opferten gerne ihren Göttern und legten an Kultstätten wertvolle Gegenstände, Geräte und Waffen ab. Die umfangreiche Historie Mitteleuropas nach dem Abzug der Römer und vielen regionalen Auseinandersetzungen mit den dort lebenden Menschen haben dazu geführt, dass immer wieder Werte in Verstecke verbracht wurden. Aufstände, Kriege und Revolutionen prägten jahrhundertelang die Geschichte. Darüber hinaus gab es bis zur Zeit des Dreißigjährigen Krieges kein funktionierendes Bankensystem, das eine sichere Aufbewahrung von Geld und Preziosen garantieren konnte. **Jeder half sich so gut es ging und versteckte seine Werte in Haus, Garten, Wald und Feld**.

Diese sind heute noch zu finden, wie drei Beispiele aus der jüngeren Vergangenheit zeigen. Dabei handelt es sich nicht um mythische Schätze wie dem Nibelungenschatz, die noch ihrer Entdeckung harren, sondern um echte Schätze, die bereits gefunden wurden *(siehe Kasten rechts)*.

ECHTE SCHÄTZE, DIE BEREITS GEFUNDEN WURDEN:

1. Der vergoldete Pferdekopf von Waldgirmes wurde aus einem uralten Brunnen gefischt. Er gehört zu den wertvolleren deutschen Schätzen und ist je nach Gutachten zwischen 1,5 und 3 Millionen Euro wert. Er war Bestandteil eines Reiterdenkmals von Kaiser Augustus.

2. Bei der Anlage eines Gemüsebeetes kamen 1979 im bayerischen Weißenburg 114 gut erhaltene römische Einzelstücke wie Bronzestatuetten, Silbervotive mit Göttersymbolen und Gesichtshelme ans Tageslicht. Vermutet wird, dass die Stücke aus einem römischen Tempel stammen.

3. Eine Schatztruhe anderer Art wird seit 2007 im Tollenseetal untersucht, seit ein ehrenamtlicher Denkmalpfleger vom Schlauchboot aus einen menschlichen Knochen mit darin steckender Pfeilspitze erspäht hat. Im moorigen Boden wurden Schwerter, Lanzenspitzen, Pfeilspitzen und Holzkeulen gefunden, aber auch Goldringe und Werkzeuge wie Hammer und Amboss, Zinnringe, Gewandfibeln und eine Gürteldose aus Bronze. Vermutet wird eine kriegerische Auseinandersetzung in der Bronzezeit.

Raubgut

Ein ganz anderes Thema sind die **»Nazischätze«**. Am Ende des zweiten Weltkrieges wurden von den zuhauf flüchtenden Nazis geraubte Werte und Fluchtkapital für ein sorgenfreies Nachkriegsleben versteckt.

Die Aufarbeitung der Naziverbrechen durch die Alliierten sorgte nach dem Ende des Krieges zwar dafür, dass große Teile des gestohlenen Vermögens den Eigentümern oder deren Erben zurückgegeben werden konnten. Jedoch fehlen bis heute Werte in Milliardenhöhe.

Solltest du bei Deiner Suche Teile des Raubgutes entdecken, ist es Ehrensache, die Werte den Behörden zu melden, damit sie den rechtmäßigen Eigentümern zurückgegeben werden können.

Das Glück des Schatzsuchers liegt in der Jagd danach.

SCHÄTZE IN ÖSTERREICH

Mindestens ebenso reich wie Deutschland ist auch Österreich mit historischen und alten Fundstellen ausgestattet. Die Öffnung von **anderthalbtausend Keltengräbern** am Rudolfsturm bei Hallstadt auf dem Dürrenberg im Salzkammergut belegt dies, wobei außer den üblichen Bronze- und anderen Gegenständen mehrfach Dolchklingen in Goldscheiden aufgefunden wurden. Die Funde im Laibacher Moor, in den Umgebungen der Landeshauptstadt Laibach und auf den Begräbnisstellen von Watsch in Krain förderten zahllose und **mannigfaltige Gegenstände** zu Tage.

Das Zollerfeld in Kärnten sowie die Gefilde von Carnuntum an der ungarischen Grenze in der Nähe von Wien bergen die **Reste großer römischer Städte**, welche seit Jahrhunderten abgesucht und geplündert werden.

Der umfangreiche **österreichisch-ungarische Sagenschatz** liefert weitere Hinweise auf verlorene Reichtümer. Die seit dem 13. Jahrhundert regierenden Habsburger bescherten Österreich eine stetige Gebietserweiterung bis hin zur Doppelmonarchie Österreich-Ungarn, dem dritttrößten Reich in Europa. Einhergehend mit einer stetigen Steigerung des Wohlstandes, wie die kaiserliche Schatzkammer der Hofburg in Wien beweist. **Aufgrund kriegerischer Konflikte verborgene Schätze werden, wie zum Beispiel der Schatzfund von Fuchsendorf, immer wieder entdeckt.** Auch mittelalterliche Schätze bescheren unerwartet Finderglück. Die bei Wien im Garten gefundenen 200 Schmuckstücke, welche der Finder als wertlos eingeschätze, waren einen sechsstelligen Euro-Betrag wert. Und natürlich neuzeitliche Schätze wie die 20 Kilo Gold, die in Wien bei Abrissarbeiten einer Villa auftauchten.

Vor allem die geflohenen Nazis versenkten in den Endwirren des zweiten Weltkriegs ihr **Fluchtkapital** in den österreichischen Böden. Hitlers Privatgemälde wurden in einem Gasthof entdeckt, der Leiter des Reichssicherheitshauptamtes, Ernst Kaltenbrunner, versteckte sein Fluchtkapital in einem Gemüsebeet, in den Salzbergwerken von Bad Ischl und Altaussee waren Kunstgegenstände aus Museen und Sammlungen eingelagert. Auch in zahlreichen Seen wurden zu Kriegsende **Ausrüstung, Waffen und Munition** versenkt. Toplitzsee, Mondsee, Hintersee, oder Fuschlsee sind bei Schatzsuchern bekannte Seen.

SCHÄTZE IN DER SCHWEIZ

Als kleines Alpenland hat die Schweiz, bedingt durch seine Topografie, einen umfangreichen Schatzsagenfundus, der sich oftmals um **Bergschätze** dreht. Die Bergwerke förderten neben **Gold und Silber auch Mineralien, Erze und Edelsteine.** Bekannt sind die **Glasseifen** welche in den Zentralalpen für die Glasproduktion Venedigs gesucht wurden.

SCHÄTZE WELTWEIT

Legendäre Schätze warten auf den Enthusiasten, der Europa verlässt und weltweit auf Schatzsuche geht. Aztekengold, ägyptische Mumien, mongolische Reitergräber, Afrikas nubische Schätze, Spaniens versunkene Schatzflotten, Piratenschätze in der Karibik und in Australien oder Lassiters Goldriff harren ihrer Entdeckung.

Und dass viele der Schatzgeschichten **nicht nur Schall und Rauch** sind, beweist die **Schatztruhe des Forrest Fenn.** Lange als Phantasieprodukt eines verschrobenen Geistes gebrandmarkt, löste ein Schatzsucher das Rätsel von Fenns Gedicht und entschlüsselte damit eine Schatzkarte. Er fand 2020 die sagenhafte Schatztruhe in

Die Suche nach legendären Schätzen wird nie enden – bis sie eines Tages vielleicht doch gefunden werden …

den Rocky Mountains und zog mit einer Million Dollar von dannen. **Die spannende Hintergrundgeschichte der Bronzekiste erzählen die folgenden Seiten.**

Doch wo Schätze locken, gibt es auch **Schatzräuber.** Schon die Grabkammern der alten Pharaonen wurden kurz nach der Bestattung der Würdenträger von skrupellosen Grabräubern ausgeräumt.

Leider werden durch die rücksichtslose Gier und das rabiate Vorgehen der Grabräuber wertvolle Beifunde und wichtige Fundzusammenhänge unwiederbringlich zerstört.

Und auch heutzutage ziehen dunkle Gestalten in finsteren Neumondnächten los und versuchen aus schnödem Gewinnstreben dem Boden seine uralten Schätze zu entreißen. Mit moderner Suchausrüstung und der Informationstechnologie des Internets leider mit zunehmenden Erfolg.

Aber auch die Strafverfolger rüsten auf und verbuchen **zunehmend Festnahmen und Verurteilungen der kriminellen Raubgräber.** Zumeist nicht auf frischer Tat. Oft aber zu einem späteren Zeitpunkt durch die akribische Ermittlungsarbeit, wie die Himmelsscheibe von Nebra oder der Barbarenschatz von Rülzheim eindrucksvoll beweisen.

KULTURGUT SCHÜTZEN

Wenn Du nicht willst, dass Dein historisches Erbe auf dem internationalen Kunstmarkt an den Meistbietenden verscherbelt wird, melde verdächtiges Verhalten auf Bodendenkmälern den Polizeibehörden.

Forrest Fenns Bronzetruhe

GEFUNDEN!
06/2020

Ort:
USA (Rocky Mountains)

Typus:
Neuzeit

Belegbarkeit:
sehr gut

Art des Versteckes:
geplant

Fundwahrscheinlichkeit:
gefunden in 2020 nach Redaktionsschluss

← Fenns Hinweise auf den Schatz.

→ In den Rocky Mountains.

Eine Schatzkarte, mit der Du Deine grauen Zellen trainieren kannst, hat 2010 der U.S. Millionär Forrest Fenn der Welt hinterlassen. Der schwerkranke Exzentriker versteckte einen **millionenschweren Goldschatz.** Und hinterließ ein rätselhaftes Gedicht für Kryptologen, welches Hinweise auf den versteckten Schatz enthält:

»As I have gone alone in there
And with my treasures bold,
I can keep my secret where,
And hint of riches new and old.
Begin it where warm waters halt
And take it in the canyon down,
Not far, but too far to walk.
Put in below the home of Brown.
From there it's no place for the meek,
The end is ever drawing nigh;
There'll be no paddle up your creek,
Just heavy loads and water high.
If you've been wise and found the blaze,
Look quickly down, your quest to cease,
But tarry scant with marvel gaze,
Just take the chest and go in peace.
So why is it that I must go
And leave my trove for all to seek?
The answers I already know,
I've done it tired, and now I'm weak.
So hear me all and listen good,
Your effort will be worth the cold.
If you are brave, and in the wood
I give you title to the gold.«

Typische Ausschwemmungshöhle.

Die versteckte Kiste ist mit Goldstücken, seltenen Münzen und Relikten, Schmuck, Edelsteinen und einer Flasche, die Fenns Autobiographie enthält, gefüllt. Nachdem er seine Krebserkrankung überlebte, veröffentlichte er weitere Hinweise zum Versteck des Schatzes.

Fenns Hinweise

2013 gab Fenn bekannt, dass sich der Schatz in den **Rocky Mountains nördlich von Santa Fe höher als 1500 Meter** befindet und erklärte, die Schatzkiste stehe in keiner Verbindung zu Häusern oder anderen von Menschen erbauten Strukturen. Ende 2013 veröffentlichte Fenn in seinem Buch »Too Far To Walk«, eine Karte der Umgebung des Schatzes. 2015 schliesslich erklärte Fenn in einem Interview, **dass die Schatzkiste nass sei.** Damit könnte die Kiste in einem See liegen oder in einer der zahllosen wasserführenden Höhlen.

SEHENSWERT

Besuch des **Bandelier National Monument** in der Nähe von Santa Fe: Naturschutzgebiet und die **Pueblo Felsenstädte** der Anasazi Ureinwohner.

Die Seeschlacht von Vigo

Ort:
Bucht von Vigo, Spanien

Typus:
Neuzeit

Belegbarkeit:
sehr gut

Art des Versteckes:
ungeplant

Fundwahrscheinlichkeit:
groß

↑
Die britische Flotte erbeutete 1,5 Millionen Pfund Sterling. Der Rest versank in den Fluten.

Die schwer mit Schätzen beladene Flotte von **23 Galeonen** stach während des Spanischen Erbfolgekrieges im Juni 1702 in See, begleitet von 30 französischen Kriegsschiffen, und landete unerwartet zwei Monate später an der galizischen Küste in Vigo, nachdem der geplante Zielhafen, Cadiz, durch die Briten angegriffen worden war.

Britische Spione meldeten das Ausweichmanöver, und eine britisch-niederländische Kriegsflotte führte einen Angriff durch.

Bei der Seeschlacht von Vigo wurden alle spanischen und französischen Schiffe verbrannt, versenkt oder erobert. Doch nur zwei der gekaperten Schiffe waren mit Reichtümern beladen. **Der weitaus größte Teil der Gold- und Silberschätze sank auf den Meeresgrund.**

300 Jahre lang gab es zahlreiche Versuche, die Wracks zu finden und die Schätze zu bergen. Immer mal wieder konnten kleinere Mengen an Edelmetall an die Oberfläche geholt werden. Der weitaus größte Teil der Schätze liegt noch immer in der Bucht von Vigo und wartet darauf, gehoben zu werden.

Das Unternehmen wird immer schwieriger, denn die Schiffswracks sind mittlerweile metertief im Schlamm versunken.

SEHENSWERT

Gerade eine Stunde mit dem Auto von Vigo entfernt liegt das Sehnsuchtsziel aller Pilger des Jakobsweges **Santiago de Compostela mit seiner weltbekannten Kathedrale.** Wenn im Kirchenschiff das riesige Weihrauchfass geschwenkt wird und dazu die **gregorianischen Choräle** der Mönche ertönen, glaubst Du dich dem Himmel näher. Vielleicht liegt es aber auch an den Weihrauchdämpfen.

Dem Untergang geweiht: sinkende Schatzschiffe.

Der Ritter von Weichs

Ort:
Bayrische Alpen, Deutschland

Typus:
Mittelalter

Belegbarkeit:
gut

Art des Versteckes:
geplant

Fundwahrscheinlichkeit:
groß

Missmutig starrte der alte Ritter auf die sich durch das Moor schlängelnde Rottstraße. Schon wieder zog darüber ein Kaufmannszug der Pfeffersäcke. Heute schon der dritte, der auf dem holprigen Bohlenweg den langen Weg Richtung Freising unterwegs war. Von seinem Burgfenster aus sah er sogar die Ladung. Verzurrte Weinfässer auf den offenen Transportkarren wiesen auf die berühmten Rotweine aus dem Welschland hin. Die Pfaffen in Freising lassen es sich gutgehen mit gehaltvollen Tropfen – wie sie der Ritter schon lange nicht mehr gekostet hatte. Wehmütig dachte er an die Ritterfeste früherer Jahre zurück. Die Tische bogen sich unter dem Essen, Wein und Bier flossen in Strömen, Minnesänger, fahrende Troubadoure und sogar Hofnarren unterhielten die Gäste. Und erst die Turniere: Schwertkämpfer, Tjosten, Ritterspiele. Ein pralles Fest für die Sinne.

Wütend warf er den Wasserbecher an die Wand. Und jetzt? »Wasser saufen« knurrte er, kein Bier, kein Wein, keine Gelage wie früher zu seinen Ritterzeiten. Nichts vom ehemaligen Glanz war geblieben. Seitdem es diese Städte gab. Die neumodischen Stadtrechte erlaubten es den Leibeigenen, in eine Stadt zu flüchten und dort nach einem Jahr freier Bürger zu werden. »Stadtluft macht frei«, raunten sich die Bauern zu, die Leibeigenen liefen in Scharen davon. Mit dem Zulauf entwickelten die Städte Selbstbewusstsein, eigene Bürgerwehren machten seit einiger Zeit den mehr oder weniger frei gewählten Schutz durch die Ritterschaft überflüssig, starke Mauern verwehrten den Eintritt in die Stadt. Keine Schutzgelder oder Handsalbungen konnten mehr eingestrichen werden. Die Städter schlossen einfach die Tore, sobald er mit seinen wenigen Landsknechten anrückte, um sein Soll zu fordern. Ja, sie verhöhnten ihn, den edlen Ritter von Weichs, von den Zinnen herab als Halsabschneider und Bettler.

Er sah zu seinem wuchtigen Langschwert hinüber, das über dem Kamin hing. Wenn er doch nur in die Stadt käme, da würde er es den Pfeffersäcken schon zeigen. Seine Augen begannen zu leuchten als er sich die Szene vorstellte. Die Bürger würden ihr überhebliches Getue schnell aufgeben. Ein paar würde er über die Klinge springen lassen, und der Rest würde auf Knien darum betteln, ihr Geld und ihre Preziosen herausrücken zu dürfen. Vor seinem inneren Auge tauchte plötzlich die Stadtwache auf. Ernüchtert stellte er sich vor, wie sie mit ihren langen Spießen seine Landsknechte auf Abstand halten würden und sie nur noch hilflos mit ihren Schwertern fuchteln könnten. Der Bruch des Stadtfriedens hätte tödliche Konsequenzen, sie würden alle auf der Richtstätte enden. Noch schlechter gelaunt fasste er den Kaufmannszug erneut ins Auge. Auf dem maroden Knüppeldamm, für dessen Instandhaltung er eigentlich verantwortlich war, holperten die Ochsengespanne nur langsam vorwärts. Nachdenklich sah er auf

←
Links: **Begehrtes Baumaterial im Mittelalter: Steine. Bauern verwandelten stolze Burgen in Ruinen.** *Rechts:* **Gerüstet für den Turnierkampf.**

→
Wertvolles Ritterschwert.

den Weg hinab. Bei Ried führte der Weg am Rieder Hügel entlang des Sumpfes. Wenn man dort ein paar Knüppel rausnehmen würde, überlegte der Ritter, blieb der erste Ochsenkarren im Schlamm stecken. Vom Rieder Hügel aus ist die Straße mit Bogenschützen und ein paar Musketen beherrschbar, sodass jeder Widerstand im Keim erstickt werden könnte. Im Handumdrehen hätten seine maskierten Landsknechte die Händler beraubt, die Wagen geplündert und wären in der auf einer Felsnase fast uneinnehmbar stehenden Burg Weichs verschwunden. Vielleicht sogar getarnt als Tiroler. Dann könnte man den Überfall den Räuberbanden aus Innsbruck in die Schuhe schieben, die immer wieder ins »Goldene Landl«, wie die Gegend genannt wurde, einfielen. Für den Ritter würden die guten Zeiten wieder anbrechen. Die Lebensmittel aus der Beute könnte er in Murnau, Weilheim oder Schongau versilbern, die Münzen würden seine Geldtruhe füllen. Oder er könnte die Beute sogar bis nach Innsbruck verkaufen, das würde seiner Mär von österreichischen Räuberbanden Gehalt verleihen, wenn dort Beutestücke auftauchen würden. Bis die Freisinger Erzbischöfe reagieren würden, wenn überhaupt, würde viel Zeit ins Land gehen. Die wissen ja nicht mal, wie viele Transporte unterwegs sind, beruhigte er sich. Und als damals Hruobert die Handelskarawane überfiel, hat auch kein Hahn danach gekräht. Nicht mal eine Untersuchung wurde eingeleitet. Hmm, das wäre eigentlich eine gute Idee.

Wolkenkuckucksheim adé

Drei Jahre später hielt er die Idee für nicht mehr so brilliant. Schon wieder schlug eine der steinernen Kanonenkugeln im Palisadenwall ein und brachte die Burg zum Beben. Diesmal beobachtete er von seinem Fenster aus keinen hilflosen Handelszug, sondern ein wohlorganisiertes Feldlager. Auf den Feldern vor seinem Adlerhorst

Wirkungsvoller Mauerersatz: Der Palisadenwall.

Einstieg in den Geheimgang
auf dem Burgberg.

Der verborgene Fluchtweg.

hatten Freisinger Truppen ihr Lager aufgebaut – und sogar Kanonen mitgebracht. Zwar waren es zu wenig Soldaten für einen Frontalangriff auf die befestigte Palisade. An den Angriffspunkten hätte er seine Knechte auf den Laufgängen zusammengezogen und jeden Eindringling von den Wällen werfen lassen. Brächte jedoch das dauernde Bombardement den Palisadenwall zum Einsturz, würden die Freisinger breit gefächert in die Burg eindringen können und die Knechte wie Hühner vor sich hertreiben.

Dabei lief anfangs alles nach Plan. Ab und an wurde ein Handelskonvoi überfallen. Den Landsknechten hatte er eingeschärft, die roten Tiroler Wämser zu tragen und mit österreichischem Dialekt zu sprechen. Zum Schein hatte er sich sogar an der Suche nach den Räubern mit seinen Männern beteiligt. Der Bischofssitz in Freising reagierte nicht, der Lebensstil in der Burg wurde luxuriöser und der Ritter von Weichs wurde gierig. In immer kürzeren Abständen überfiel er die Kaufleute. Das wurde dann doch durch die Freisinger Bischöfe besorgt wahrgenommen. Als dann schließlich ein paar seiner Männer im Wirtshaus in Weilheim mit zu viel Geld auffielen und über die Herkunft hochnotpeinlich befragt wurden, meldete sich plötzlich Freising per Brief. Er solle doch im Dom bei den Grundherren vorstellig werden. Das tat er natürlich nicht und ließ mehrere Fristen verstreichen. Fast ein Jahr tat sich nichts, er überfiel nur noch selten einen Transport und er hoffte schon, dass die Geschichte vergessen sei, als er schlechte Kunde erhielt. Die Freisinger hatten ein kleines Heer aufgestellt und, um ihn aus seiner Burg zu schießen, auch gleich zwei Bombarden zugestellt. Deren massive Steinkugeln verwandelten seine Palisade langsam aber sicher in einen Haufen Kleinholz.

Wenigstens war es ihm gelungen, die geraubten Schätze im Estergebirge verschwinden zu lassen. In der Nähe der Kuhalm gab es einen aufgegebenen Altbergbau. Dorthin hatte er durch den Geheimgang unter seinem Adlerhorst Säcke und Truhen mit Silber abtransportiert und versteckt. Den Eingang zum Bergwerk hatte er sorgfältig mit Felsen verschlossen und mit Ästen getarnt. Sogar ein paar Baumschösslinge von Fichten hatte er darüber gepflanzt. Bald würde er mit der Familie die Burg verlassen, in einer der verhassten Städte untertauchen und vom geraubten Silber leben.

Überzeugt von der Brillianz seines Planes lauschte er dem nächsten Einschlag.

In der folgenden Nacht wurde er grob geweckt. Zwei Freisinger Landsknechte schlugen ihm ins Gesicht und schleppten ihn in den Hof. Einige seiner Knechte hatten, gegen Straffreiheit, eine Abmachung mit den Freisingern getroffen. Sie öffneten während ihrer Wache das Burgtor und lieferten den Ritter von Weichs den Freisingern aus. Zu seiner Bestürzung wurde kurzer Prozess gemacht und er fand sich kaum zwei Monate später auf der Richtstätte am Freisinger Dom wieder. Er war einem der beraubten Händler gegenübergestellt worden und dieser hatte ihn unter Eid wiedererkannt. Sie hatten versucht, ihm unter Folter die Geldverstecke abzupressen, aber er hatte standgehalten. Er hatte selbst unter Folter weiter behauptet, alles Geld sei ausgegeben und in den umliegenden Wirtshäusern verprasst worden. Zum Tode würde er als Raubritter auf jeden Fall verurteilt werden, aber wer weiß, vielleicht könnte er noch einen der Wärter bestechen und mit seinen Schätzen fliehen.

Endstation Galgen

Doch er hatte Pech. Diebstahl und Raub wurden im ausgehenden Mittelalter unbarmherzig geahndet und gefangene Räuber oder Diebe konnten keine Gnade erwarten. Da es damals keine Banken oder Tresore gab, denen man sein Geld anvertrauen konnte, waren Händler und Kaufleute, aber auch Bürger und Bauern gezwungen, ihr Geld bei sich zu tragen. **Somit konnte ein Überfall, Diebstahl oder Raub den Verlust aller Werte und damit den völligen Ruin des Opfers bedeuten.** In schlechten Zeiten sogar den Hungertod. Deshalb waren die Strafen auf Diebstahl

Der Burgberg heute.

Blick vom Burgberg ins Loisachtal.

← Der letzte Blick des Ritters von Weichs.

drakonisch und auf Raub stand der Galgen. Bei kleineren Diebstählen wurde üblicherweise eine Hand abgehackt. Bei notorischen Dieben und auch bei Raubrittern war aber der Galgen die Endstation.

Unglücklicherweise erwiesen sich die Freisinger Verlieswärter als unbestechlich und so fand der Ritter von Weichs sein zappelndes Ende am Galgen auf der Richtstätte der Stadt Freising. Seine versteckten Schätze sind bis heute nicht wiederaufgetaucht und ruhen irgendwo zwischen der **Burg Weichs und der Kuhalm** in den Tiefen einer Höhle oder eines Stollens und harren ihrer Wiederentdeckung.

Im 17. Jahrhundert wurde die Schatzgeschichte bestätigt. Eine Magd des Klosters Schlehdorf fand einige schwarze Münzen (Silber läuft mit der Zeit schwarz an) ausgeschwemmt in einer Quelle Richtung Kuhalm und brachte diese zu ihren Herren ins Kloster. Hoffnungsfroh hängten die Mönche ein Netz in die Quelle, das den Silbersegen auffangen sollte. Ob sich noch weitere Silbermünzen anfanden, ist nicht überliefert.

SEHENSWERT

Wer gerne wandert, kann vom nebenliegenden Eschenlohe den **Krottenkopf** ersteigen und in der Weilheimer Hütte übernachten. Ein herrlicher Blick über die Nordalpen belohnt die sechsstündige Tour und das Rehgulasch des Hüttenwirtes ist ein Gaumenschmaus.

Bergwerksstollen Nähe Kuhalm

Romantisch gelegen bei Ohlstadt im heutigen Loisachtal sind von der Burg nur noch die **Reste der Grundmauern** erkennbar. Die Freisinger haben ganze Arbeit geleistet und die Burg geschleift. Einzig der durch den Burgfelsen führende Geheimgang ist heute noch sichtbar. Gehst Du Richtung Osten den Weg zum Herzogstand, erreichst Du nach ca. zwei Stunden die Kuhalm, eine kleine Hütealm für Vieh. Irgendwo um die Kuhalm herum oder auf dem Weg dahin soll der alte **Bergwerksstollen,** in dem der Ritter seinen Schatz eingelagert hat, liegen.

Für den am schnöden Mammon interessierten Hobbyschatzsucher möchte ich nun zwei weitere Schatzgeschichten vorstellen, welche zwar noch ins letzte Jahrhundert fallen, zu denen aber noch Zeitzeugen, Akten und mögliche Fundspektren bekannt sind: Der »Pastoors Letter« und das »Reichsbankgold vom Walchensee«.

Der »Pastors Letter« in Mittenwald

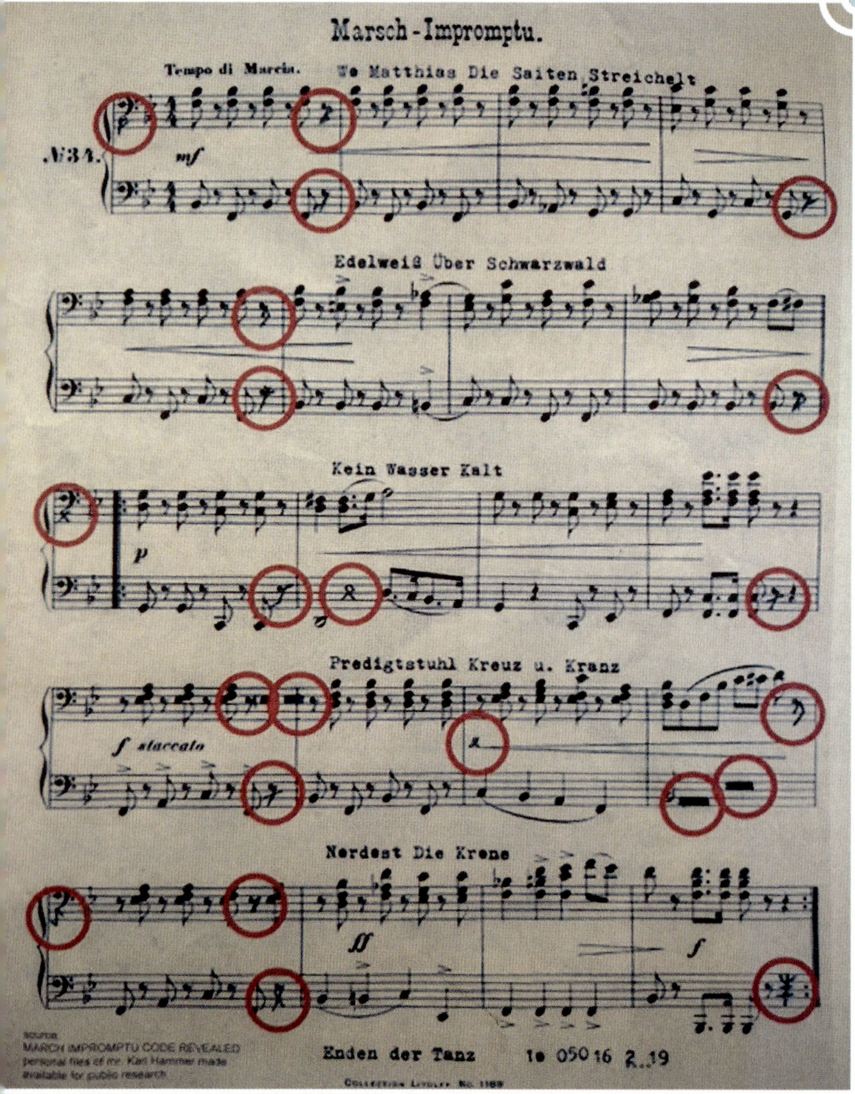

Ort:
Bayrische Alpen, Deutschland

Typus:
Neuzeit

Belegbarkeit:
sehr gut

Art des Versteckes:
geplant

Fundwahrscheinlichkeit:
groß

← Der »Marsch Impromptu«.

Ein seltsames Musikstück fiel dem niederländischen Autor Hammer Kattee im Rahmen einer Recherche im oberbayerischen Mittenwald zufällig in die Hände. Es handelte sich um ein bemerkenswertes Notenblatt. Als musikalische Grundlage diente ein wenig bekannter Marsch von Gottfried Federlein, der **»Marsch Impromptu«.** Dieser wurde durch als Liedtext getarnte Textelemente, versteckte Runensymbole und eine kryptische Zahlenreihe ergänzt.

Die rätselhafte Schatzkarte des Martin Bormann

Doch warum sollte jemand ein Musikstück derart verfremden? Katee entwickelte aufgrund der Fundumstände und des Hintergrundes eine überraschende Lösung – auf den ersten Blick zwar unglaublich aber nicht unmöglich.

Nach seiner Auffassung ist das verfremdete Musikstück eine **dreistufige Schatzkarte,** welche an Franz Xaver Schwartz, dem Kassenwart der NSDAP übermittelt werden sollte. Als ursprünglicher Auftraggeber wird Martin Bormann vermutet.

Hitlers Partisanen: Die Werwölfe

Damit stehen hinter der Karte hochrangige Nazis, die durchaus an eine Fortsetzung des Widerstandes glaubten, auch über das Kriegsende hinaus, und, wie Hammer Katee vermutet, auch dafür vorsorgten. Hinlänglich bekannt ist, dass, bestückt mit Ausrüstung, Waffen, Sprengstoffen und natürlich wertvollen Zahlungsmitteln, wie Devisen, Gold oder Juwelen, zum Ende des Krieges sogenannte **Werwolf-Verstecke** angelegt wurden. Dort sollten sich nazitreue Partisanen, die Werwölfe, ausstatten, und einen Guerillakrieg gegen die Besatzer führen. Vorbild waren die erfolgreichen Guerillabewegungen der Partisanen auf dem Balkan und in Russland.

So weit, so gut – aber warum wurde die Karte derart aufwendig verschlüsselt? Nun, Franz Xaver Schwartz war als hochrangiger Nazi und als Kassenwart der NSDAP in amerikanischer Kriegsgefangenschaft. Wie teilt man aber einem Kriegsgefangenen, dessen Post sehr genau geprüft wird, die Lage eines versteckten Schatzes mit, der vermutlich zur Finanzierung einer Widerstandsbewegung nach dem Kriegsende dienen sollte?

→ **Mittenwald mit dem imposanten Karwendelmassiv.**

↑
Relikte aus dunklen Tagen: Nazigold.

Und hier muss man die Phantasie des oder der Verbringer bewundern. Was ist weniger verdächtig als dafür ein Musikstück zu verwenden? Text, Runen und Zahlenreihe geben einem Zensor keinerlei Anlass, eine versteckte Botschaft zu vermuten. Dem Empfänger jedoch entschlüsselt sich daraus die Lage eines verborgenen Schatzes.

Franz Xaver Schwartz hatte der Brief wohl niemals ereicht, er starb in der Kriegsgefangenschaft. Der Brief geisterte wieder zurück und wurde im Mittenwalder Pfarramt archiviert, bis er von Hammer Kattee entdeckt wurde.

Einige Kryptologen haben sich an die Dechiffrierung des Notenblattes gewagt.

Dreistufige Botschaft

Die Botschaft darin scheint dreistufig zu sein. Im Vergleich zum originalen Notenblatt des Gottfried Federlein fallen auf:

1. Ein Textteil getarnt als **Liedtext,**

2. eine unaufällig in die Notenstruktur eingebaute **Runenbotschaft,**

3. eine kryptische **Zahlenreihe** am Ende des Blattes.

Durchdachte Geheimbotschaft

Darin scheint sich ein dreistufiger Schatzplan auszudrücken. Der Text verweist inhaltlich ausdrücklich auf das Gebiet um Mittenwald, fast alle genannten Ortsbezeichnungen finden sich in den Bergen rund um Mittenwald. Somit entsteht im ersten Schritt eine **Gebietszuordnung.** Die Runen definieren ein **Suchareal** und die Zahlenfolge eine konkrete **Grabeanweisung.**

Beispielhaft könnte also eine ähnliche Anweisung wie die folgende in der Schatzkarte verborgen sein:

Text: Suche am Predigtstuhl bei Mittenwald den dritten Bergbach von Schwarzwasser aus.

Runen: Steige am rechten Ufer des Bergbaches auf, bis Du zu einem Felsen kommst, auf dem eine große Buche wächst. Dort findest Du ein in die Rinde der Buche eingeschnittenes Zeichen.

Zahlenreihe: Gehe davon 80 Schritt nach Osten und 20 Schritt nach SW. Grabe dort.
Im Folgenden wird die Analyse eines seit Jahren mit der Erforschung der Karte

↑
Historische Karte.

Werttransport Richtung Süden.
↓

beschäftigten Schatzsuchers und Hobby-Kryptologen, Matthias Axinger, vorgestellt. Ausgangspunkt für die Entschlüsselung ist eine originale Wanderkarte aus den Kriegszeiten.

Matthias hat, ausgehend vom Notenblatt, eine schlüssige Interpretation des Textes erarbeitet. Danach hat er sich an die Entschlüsselung der Runen gemacht und unter Verwendung des nordischen Runenalphabets auch hier eine mögliche Bedeutung erarbeitet.

Die Zähne beißen sich alle Kryptologen momentan an der Deutung der dritten Stufe, der Zahlenreihe, aus.

Der Versuch einer Entschlüsselung

»Wo Matthias die Saiten Streichelt«
Eindeutig bezieht sich dieser Satz auf den Markt Mittenwald in Oberbayern. Dort lebte im 18. Jahrhundert der Geigenbauer Matthias Klotz, der als Begründer des Geigenbaus in Mittenwald gilt. Pfiffigerweise wird durch die gewählte Formulierung der Markt selbst nicht erwähnt, nur Informierte können daraus auf den Ort schliessen.

»Edelweiß über Schwarzwald«
In diesem Textstück wird fast poetisch auf ein Edelweiß, welches über dem Schwarzwald thront, verwiesen. Tatsächlich gibt es in der Nähe von Mittenwald ein Gebiet, das Schwarzwald heißt und …

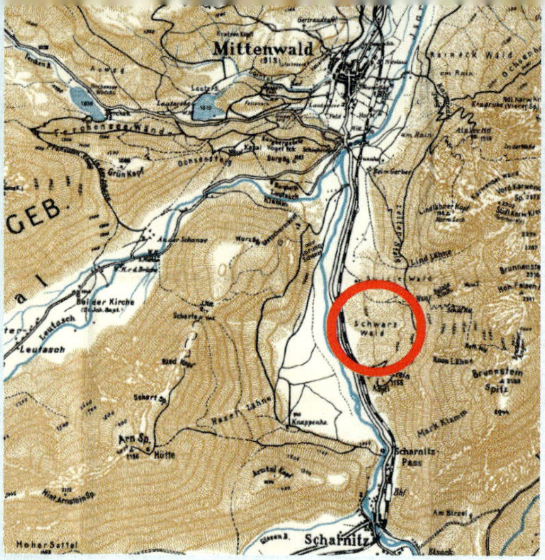

↑
Der Schwarzwald bei Mittenwald.

... über diesem Schwarzwald ragt die Arnspitz auf. In Gipfelnähe befindet sich die Arnspitzhütte, die schon 1910 vom Deutschen Alpen Verein errichtet wurde. Dessen Logo und die Hütte ziert das Edelweiß des Alpenvereins. Daher der Satz »Edelweiß über Schwarzwald«.

»Kein Wasser Kalt«

Schwierig zu entschlüsseln war dieser Textteil: »Kein Wasser kalt«. Die Fourmulierung irritiert, denn verständlicher wäre es beispielsweise gewesen »Wasser warm« zu schreiben. Aber »Wasser warm«, was z. B. für eine warme Quelle stehen könnte, gibt es bei Mittenwald nicht. Also wurde gezielt »Kein Wasser kalt« gewählt, um etwas anderes ausdrücken, aber was? Nachdem wir hier eine verschlüsselte Karte vorliegen haben, müsste es sich um eine Ortsbezeichnung handeln. Aber ein »Kaltwasser« oder »kaltes Wasser« ist im Umkreis auf der Karte nirgends verzeichnet und außerdem handelt es sich um »Kein« Wasser kalt. Das kalte Wasser ist nicht vorhanden. Wo aber fehlt aber kaltes Wasser bei einer Ortsbezeichnung?

Wasser Kalt oder kaltes Wasser **deutet auf Eis hin**. Das vorgesetzte Wort »Kein« bedeutet also kein Eis, oder Eis, das nicht (mehr) da ist. Tatsächlich gibt es nahe Mittenwald einen Punkt, auf den diese Beschreibung zutrifft, das Naturdenkmal Gletscherschliff.

»Predigtstuhl, Kreuz und Kranz«

Hier ist wieder eine klare örtliche Zuordnung möglich. Mit diesem Satz werden **drei Bergspitzen um Mittenwald** beschrieben. Der Predigtstuhl, ein bekannter Berg im Karwendel und die Kreuzwand liegen östlich, der Hohe Kranzberg westlich von Mittenwald. Zusätzlich sind die schwarzen Balken, die unter der Textzeile auf dem Notenblatt hinzugefügt wurden, auf eine Karte übertragen, deckungsgleich mit diesen Bergen. Das rätselhafte freistehende »M« im Notenblatt steht dabei für die Ortsmitte von Mittenwald. Probiert es aus, es passt exakt.

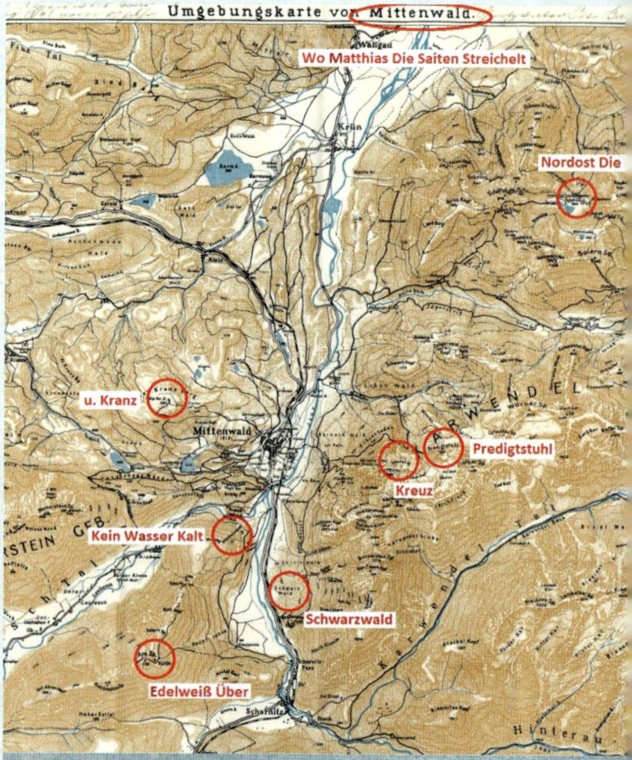

»Nordost die Krone«
Ausgehend von Mittenwald gibt es nordöstlich tatsächlich nur einen Ort, der zum Kriegsende mit einer Krone in Verbindung gebracht werden kann. An den Ufern der Soiernseen kurz unter den Soiernspitzen, heute eine beliebte Gipfeltour, errichtete der Schlösserkönig König Ludwig II. ein Gebäude. Auf der Karte wird das Gebäude als **»Königshaus«** bezeichnet.

»Enden der Tanz«
Also ein Ende des Tanzes an dem Königshaus.

Predigtstuhl, Kreuz und Kranz: Die Beschreibung passt.

Hitlers Unterschrift

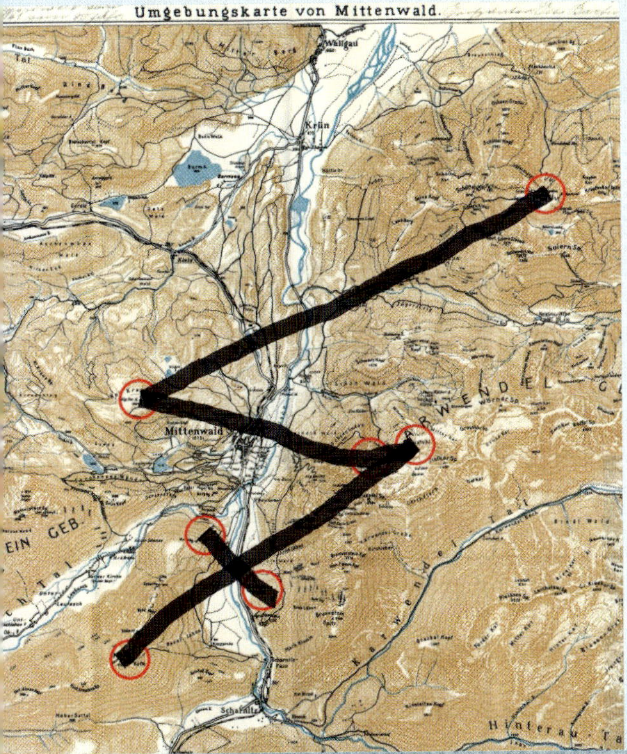

Betrachtet man alle diese Punkte auf einer Karte, ist zu erkennen, dass diese Punkte nicht willkürlich, sondern **von unten nach oben** beschrieben sind, wobei Zeile eins den Ort Mittenwald als Ausgangspunkt benennt.

Die Signatur von Adolf Hitler

Deutet man diese Markierungen als Tanzschritte so bedeutet »Endender Tanz«, den Tanz zu beenden, sprich, die so erzeugten (Tanz-)Schritte zu verbinden: **Mittenwald – Schwarzwald – Arnspitzhütte – Predigtstuhl – Kreuzwand – Kranzberg – Soiernsee,** erhält man ein markantes Zeichen: Die Unterschrift von Adolf Hitler.

Damit werden drei Fliegen mit einer Klappe geschlagen: Erstens wird die **Echtheit der Karte** dem Empfänger offenbar. Zweitens wird das Gebiet, wo sich das Versteck befindet, dem Empfänger mitgeteilt, ohne dass es die Aufmerksamkeit eines zufälligen Lesers, insbesondere eines Zensors, erregen würde.

Warum aber sollte in der Karte ausgerechnet die Signatur von Hitler dargestellt werden? Könnte nicht ein einfacheres Erkennungszeichen, beispielsweise ein Kreuz, verwendet werden? Die Antwort ergibt sich aus einer Beschreibung der Partnachklamm in dem Ort Garmisch.

> *»Die Schlucht wurde schon im 18. Jahrhundert von Einheimischen begangen, die unter Lebensgefahr Brennholz aus dem Rheintal auf Triftwegen nach Partenkirchen transportierten. Vom 18. Jahrhundert bis in die 1960er Jahre wurden der Fluss und die Klamm als Triftbach genutzt. Im Frühjahr wurde das mit einem*

Erkennungszeichen des Eigentümers, dem Hausmarch, gekennzeichnete Holz in den Bach geworfen und vom Schmelzwasser zu Tal transportiert.«

(Quelle: https://de.m.wikipedia.org/wiki/Partnachklamm)

Der Titel des Notenblatts bezieht sich auf diese Erkennungszeichen. »Marsch Impromptu« oder anders formuliert: »Improvisierte (Haus-)March« verweist auf den **Eigentümer der Wertgegenstände,** auf deren Versteck die Karte auch hinweist. Und dieser Eigentümer heißt Adolf Hitler, wie sich über das Unterschriftenkürzel bestätigt.

Es ist das Jahr 1945. Der zweite Weltkrieg geht zu Ende, die alliierten Streitkräfte erobern nach und nach das Dritte Reich. Ein Priester namens Otto wird von hochrangigen Kirchenvertretern gebeten, ein Stück Papier nach München zu bringen. Als Empfänger wird der Reichsschatzmeister Franz Xaver Schwarz genannt. Dem Pfarrer wird erklärt, es handle sich bei den eigenartigen Beschreibungen auf dem Blatt um eine Fluchtroute ins sichere Italien. Südtirol war damals aufgrund der besonderen politischen Situation ein Eldorado für Flüchtlinge. Sollte der Bote nun von den Besatzern kontrolliert werden und das eigenartige Notenblatt Verdacht erregen, hätte er eine glaubhafte Erklärung.

Suchgebiet östlich des Karwendels.

Verblüffende Übereinstimmung: Die Zeichen auf dem Musikstück entsprechen den Orten auf der Karte.

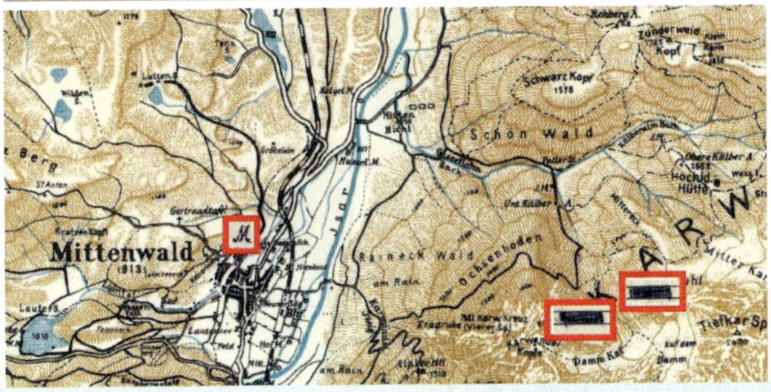

Er könnte sich auch ahnungslos geben, aber man war zu dieser Zeit bestimmt nicht zimperlich, um an Informationen zu gelangen. Dann erfuhr der Priester, dass der Empfänger gefasst wurde und in Haft saß. Die Beschreibung einer Fluchtroute kam zu spät. Da nun kein Grund mehr bestand die Reise nach München anzutreten, wurde das Notenblatt beiseitegelegt und landete später in einem Archiv.

Dass die Beschreibung der Fluchtroute nur die halbe Wahrheit darstellte, wusste der Bote nicht. Denn auf dem Notenblatt ist noch eine andere Information versteckt. Als erstes Wort auf dem Notenblatt, noch über dem Titel steht **»secondo«** was übersetzt zweifach oder doppelt bedeutet. Dieser Hinweis wäre vom Empfänger verstanden worden und er hätte die doppelte Bedeutung des Blattes realisiert. Zusammen mit dem Titel »Marsch Impromptu« (gedeutet als improvisierte Hausmarch) und der beschriebenen Unterschrift von Hitler wird eindeutig auf den Eigentümer der versteckten Gegenstände hingewiesen. Dass es ein Versteck gibt, ist nur logisch. **Warum sonst sollte ein spezielles Gebiet auf dem Notenblatt beschrieben sein?**

Dieses Gebiet ist es auch, auf das Matthias und ich die Suche konzentrieren. Dass das Notenblatt auf dieses Gebiet hinweist ist, unbestreitbar. So sind auf der Karte sowohl die Lage als auch der Name

Die Detektoren für die Suche.

Beifunde aus dem Karwendel: Wehrmachtsausrüstung.

des Gebietes beschrieben. Der endgültige Beweis für die Richtigkeit sind aber **die drei schwarzen Balken mit dem Buchstaben in der Mitte.** Diese auf dem Pastorenbrief angebrachten Markierungen sind, auf eine Landkarte übertragen, absolut deckungsgleich mit den einzigen markanten Punkten auf dem Gelände.

Aber wo auf diesem riesigen Gelände liegt nun das Schatzversteck? Immerhin umfasst das beschriebene Areal **mehrere zehntausend Quadratmeter.** Dort wäre eine Suche ohne weiteren Anhaltspunkt wie die nach der sprichwörtlichen Nadel im Heuhaufen. Aber welcher Hinweis führt zum Ziel? **Die Antwort muss auf dem Notenblatt stehen.**

Also wieder zurück an den Anfang und alle Hinweise auf dem Blatt überdenken, hinterfragen und neu interpretieren. Und tatsächlich: Nach mehreren Wochen des Recherchierens kristallisierte sich eine bestimmte Stelle heraus. Erstaunlicherweise liegt diese Stelle an einem Platz, den wir schon früher als möglichen Hotspot im Auge hatten. Denn die **felsige Beschaffenheit des Bodens mit vielen Hohlräumen** eröffnet unzählige Möglichkeiten, etwas lange und vor allem sicher zu verstecken.

Durch die neuen Erkenntnisse ist es uns jetzt zwar möglich, an einer bestimmten Stelle zu suchen, ein Garant für Erfolg sind sie trotzdem nicht. Die frühere Entdeckung der Signatur von Adolf Hitler weist das verbrachte Gut als Eigentum des Diktators aus. Das wiederum legt die Vermutung nahe, dass keine großen Goldvorräte versteckt sind, sondern möglicherweise die bis heute noch nicht wiedergefundene Diamantensammlung von Hitler. **Und genau darin besteht das Problem.** So einfach es wäre, große (Edel-) Metallvorkommen im Boden zu detektieren, so unmöglich ist das Aufspüren vergrabener Diamanten. Nichtsdestotrotz versuchen wir unser Glück und untersuchen das Gebiet weiter. Möglicherweise gelingt es uns bald, ein Signal von metallischen Verschlüssen einer Kiste oder die Schnallen eines Rucksacks zu orten.

Die Stelle, wo wir den Schatz vermuten, liegt zudem exakt an der beschriebenen **Rattenlinie von Oberbayern nach Süditalien.** Ein weiteres Indiz für die Richtigkeit und sinnvoll obendrein. Denn so eine Alpenüberquerung war kostspielig. Schmuggler, die die Wege kannten, mussten angeheuert werden, Grenzer und Ordnungshüter bestochen und Unterkünfte bezahlt werden. Was läge daher näher, als beim Versteck etwas »Geld abzuheben« um die bevorstehenden Ausgaben bezahlen zu können. Bei der Suche vor Ort platzt unsere Theorie allerdings und wir finden nur einen Geocache, und einige Felszeichen versteckt unter einem auffälligen Monolithen.

Mach Dich mit Deinen Hotspots vertraut. Es ist offensichtlich, dass sich das Schatzversteck irgendwo bei Mittenwald befindet. Leider handelt es sich dabei um eine unübersichtliche Alpenregion, die Du nicht einfach auf gut Glück durchsuchen solltest.

Konzentriere Dich auf die dritte Stufe, die Zahlenreihe. Knobel hier bis Du zu einer schlüssigen Theorie kommst. Versetz Dich dabei in die Zeit hinein. Es war Kriegsende, alles musste schnell gehen, zudem war das Versteck für die Werwölfe vorgesehen, also ein Versorgungsdepot für Partisanen. Sicherlich ein Waffendepot, für Sprengmittel und wohl auch Devisen sowie leicht konvertierbare Werte wie Gold oder Edelsteine sowie Vorräte und Medizin. Vermutlich war der Verbringer bergerfahren. **Studiere alte Karten und Luftbilder.** Über Mittenwald war die Bombereinflugschneiße nach München, dort wurde jeder Quadratmeter von den Alliierten immer wieder abfotografiert. Wenn Du die Zahlenreihe als Koordinaten interpretierst, Denk dran, damals gab es als Koordinatensystem noch kein WGS 84 sondern das Gauß-Krüger-Koordinatensystem.

SEHENSWERT

Einen Überblick über das Gelände machst Du Dir am besten aus der Luft. Die **Karwendelbahn** bringt dich schnell auf 2244 Höhenmeter. Von dort aus kannst du dem gut gesicherten Mittenwalder Höhenweg Richtung Pleisn Hütte folgen und das Gebiet kennen lernen. Sei aber gut ausgerüstet, das Wetter ist launisch im Karwendel.

Das Reichsbankgold vom Walchensee

Ort:
südlich von München, Deutschland

Typus:
Neuzeit

Belegbarkeit:
sehr gut

Art des Versteckes:
geplant

Fundwahrscheinlichkeit:
groß

↗
Der Transport mit LKWs der Luftwaffe.

←
Offiziere planen die Verbringung.

Ende April 1945 flüchteten sie aus dem bombenzerstörten Berlin. Fünfzehn Mann, drei LKW mit Anhängern und ein PKW. In den völlig überladenen Fahrzeugen ein Schatz der Reichsbank. 730 Goldbarren à 12,5 kg, Devisen, Druckstöcke, Notenpapier, Gewichtstabellen und die persönliche Habe. Über Karlsbad, Marienbad, Cham und München erreichte der Transport nach einer gefährlichen Fahrt unter dem Bombardement der Alliierten das Kohlenbergwerk in Peißenberg in Oberbayern. Auf dem Weg werden in Cham und München dem Schatz noch weitere 99 Beutel mit Devisen und sechs Kisten unbekannten Inhaltes zugestellt. Ebenfalls sprechen Protokolle von zusätzlichen 24 Kisten mit Juwelen. Die ursprüngliche Planung sah vor, die Werte, ähnlich wie mit **dem größten Teil der Goldreserven der Reichsbank** kurz zuvor in Merkers geschehen, untertage einzulagern. In einem **Stollen des Kohlenbergwerks in Peißenberg.** Die Grubenwässer machten jedoch einen Strich durch die Rechnung. Sollten die Pumpen ausfallen, würden die Werte (insbesondere die feuchtigkeitsempfindlichen Devisen) sprichwörtlich baden gehen. Also ging die Fahrt weiter, immer Richtung Süden, fort von den aus Westen anrückenden Amerikanern, der legendären **Alpenfestung** entgegen.

Der Schatzhort am Steinriegel

In Mittenwald, kurz vor der österreichischen Grenze, wurde der Schatz dem Leiter der Gebirgsjägerschule, Oberst Pfeiffer, übergeben, der ein geeignetes Versteck suchte. Die von Pfeiffer beauftragten Offiziere der Gebirgsjägerschule schlugen das **Übungsgebiet der Gebirgsjäger am Walchensee** vor.

Dieses bot mehrere Vorteile:

>> Es handelte sich um ein den Gebirgsjägern bekanntes und mit einem Betretungsverbot belegtes **militärisches Übungsgelände.**

>> **Verstecke waren bereits vorhanden.** Ursprünglich waren diese Verstecke als Depots für die Ausrüstung der Gebirgsjäger, beispielsweise für Übungen, angelegt worden. Auch wurde darüber nachgedacht, darin Ausrüstung und Waffen für einen erhofften Waffengang mit den Amerikanern gegen die Sowjetunion nach der Kapitulation Deutschlands zu bevorraten.

>> Das Gebiet war **leicht kontrollierbar.**

Anschließend wurden die Werte übergangsweise in das einsame Jagdhaus am **See in Einsiedel** gebracht. Ab diesem Zeitpunkt werden die Aussagen der Zeugen und der Beteiligten in den vorliegenden Protokollen, Akten und Gesprächsnotizen unklar und widersprüchlich. Im Großen und Ganzen passierte Folgendes: In Nacht-und-Nebel-Aktionen wurde der Schatz durch die beteiligten Offiziere auf den Steinriegel, einen felsigen Bergkamm, gebracht. Die acht fleißigen Mulis und deren unermüdliche

Führer bewältigten die Aufgabe in nur zwei Nächten. Zur Tarnung der Transporte wurde in Walchensee und Umgebung Fliegeralarm ausgelöst und damit eine Ausgangssperre und Verdunkelung angeordnet.

Trotz aller Geheimhaltungsversuche verfolgten neugierige Augen und **zufällige Zeugen** die Verbringung. Im Forsthaus beispielsweise war eine Vertriebenenfamilie namens Forstreicher einquartiert und der Vater wurde Zeuge der Transporte. Vom in der Nachbarschaft liegenden Obernacher Hof beobachtete eine ukrainische Hilfsarbeiterin den Transport auf die Flanke des Steinriegels aus ihrer Dachkammer. Ein Wachmann der Genesendenkompanie vor Ort erkannte außerdem die Männer, welche die Werte versteckten, als Offiziere, obwohl sie als einfache Soldaten verkleidet waren.

Der Schatz erreichte also nur vermeintlich unbeobachtet seine Bestimmungsorte. Das Gold wurde vergraben und das Erdloch mit einer Baumwurzel getarnt. Die Devisen aber waren empfindlich gegen Feuchtigkeit, somit wurden **aufwändigere Ausbauten der Verstecke** notwendig.

Nach der Verbringungsaktion kehrte kurz Ruhe ein. Doch schon am 26.04.1945 brachte Bankrat Mielke 25 weitere Kisten mit Gold nach Einsiedel und entnahm auf Geheiß von Reichswirtschaftsminister Dr. Funk fünf Beutel mit 150.000 Franken aus einem der Depots.

↑ **Goldbarren und andere Werte erreichten den Walchensee.**

→ **Aufstellung der aus Berlin transportierten Werte in Form einer Bilanz – typisch Beamter!**

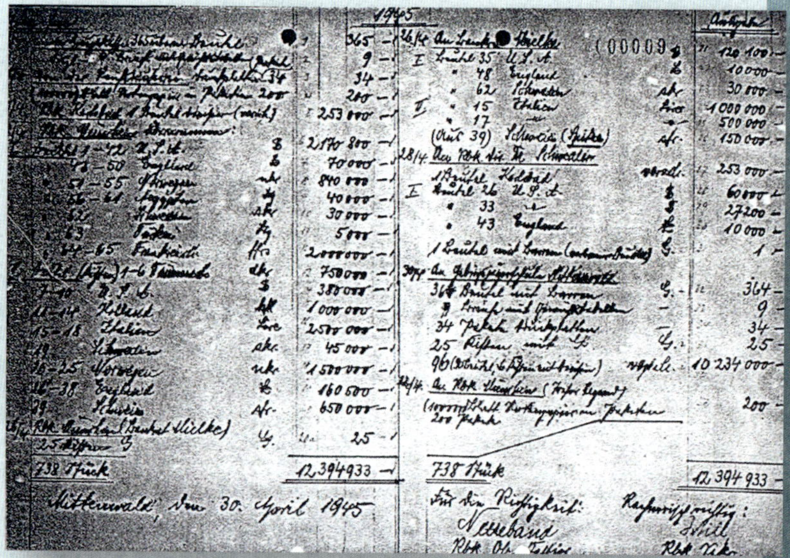

Netzeband, als Oberkassier der Reichsbank verantwortlich für die Werte, begleitete Mielke zur Entnahme der Devisen an die Verstecke. Auch ein Dr. Schwedler entnahm für die Reichsbankfiliale München vier Säcke mit Devisen. Unglücklich wegen dieser Mitwisser und ebenso über die entstehenden Gerüchte in der Zivilbevölkerung, reagierte der verantwortliche Oberst Pfeiffer. Er befand, dass schon zu viele Personen über die Lage des Schatzes informiert wären, und befahl eine Umlagerung der Devisen.

Aus heutiger Sicht scheint dies verwunderlich, da wir heutigen doch das Gold als interessanter einschätzen würden. Damals jedoch waren die konvertierbaren Devisen der wichtigere Teil des Schatzes. Ende April 1945 war längst absehbar, dass die Amerikaner Bayern besetzen würden. Aus diesem Grund waren allein die vergrabenen 2,2 Mio. US-Dollar wertvoller als die gravierten, nummerierten und registrierten Goldbarren der Reichsbank. Es galt also neue Verstecke für die Devisen zu finden. Nach den vorliegenden Unterlagen wurden diese am **Altlacher Berg, am Klausenkopf und am Simetsberg** von jeweils einer Gruppe von Offizieren versteckt. Noch heute lesen sich die Aussagen der Beteiligten spannend.

Wehrmachtsoffiziere als Forstarbeiter

Die Offiziere verblieben, getarnt als Waldarbeiter und Holzknechte an Ort und Stelle, um den Schatz zu bewachen und lebten in den Hütten in der Nähe. Für die Wächter begann eine ruhige Zeit an der Südseite des Walchensees, während die Reste des Dritten Reiches in Trümmer fielen. Trotzdem hatte Oberst Pfeiffer ein wachsames Auge auf die Gegend. Er, der noch in den letzten Kriegstagen sinnlosen Widerstand gegen die Amerikaner angeordnet und aus der Führerreserve 250 Offiziere mit Panzerfäusten für ein letztes Aufgebot mobili-

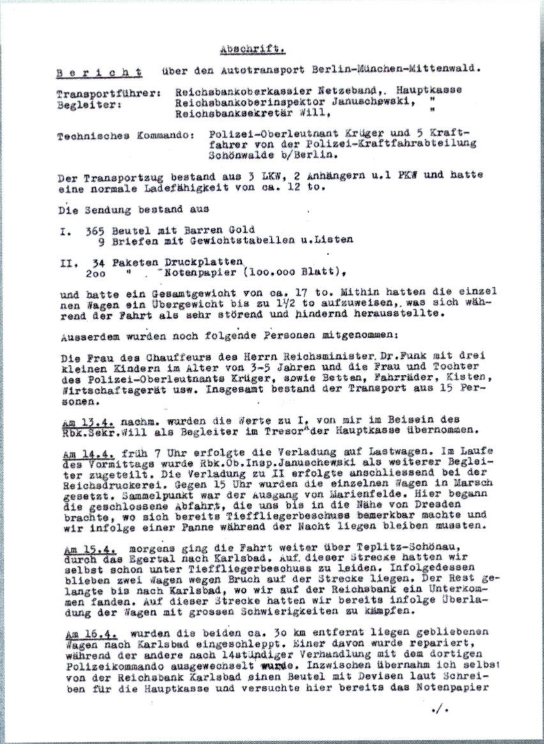

Abschrift.

Bericht über den Autotransport Berlin-München-Mittenwald.

Transportführer: Reichsbankoberkassier Netzeband,. Hauptkasse
Begleiter: Reichsbankoberinspektor Januschewski, "
Reichsbanksekretär Will, "

Technisches Kommando: Polizei-Oberleutnant Krüger und 5 Kraftfahrer von der Polizei-Kraftfahrabteilung Schönwalde b/Berlin.

Der Transportzug bestand aus 3 LKW, 2 Anhängern u.1 PKW und hatte eine normale Ladefähigkeit von ca. 12 to.

Die Sendung bestand aus

I. 365 Beutel mit Barren Gold
9 Briefen mit Gewichtstabellen u.Listen

II. 34 Paketen Druckplatten
200 " Notenpapier (100.000 Blatt),

und hatte ein Gesamtgewicht von ca. 17 to. Mithin hatten die einzelnen Wagen ein Übergewicht bis zu 1½ to aufzuweisen,. was sich während der Fahrt als sehr störend und hindernd herausstellte.

Ausserdem wurden noch folgende Personen mitgenommen:

Die Frau des Chauffeurs des Herrn Reichsminister Dr.Funk mit drei kleinen Kindern im Alter von 3-5 Jahren und die Frau und Tochter des Polizei-Oberleutnants Krüger, sowie Betten, Fahrräder, Kisten, Wirtschaftsgerät usw. Insgesamt bestand der Transport aus 15 Personen.

Am 13.4. nachm. wurden die Werte zu I. von mir im Beisein des Rbk.Sekr.Will als Begleiter im Tresor der Hauptkasse übernommen.

Am 14.4. früh 7 Uhr erfolgte die Verladung auf Lastwagen. Im Laufe des Vormittags wurde Rbk.Ob.Insp.Januschewski als weiterer Begleiter zugeteilt. Die Verladung zu II erfolgte anschliessend bei der Reichsdruckerei. Gegen 15 Uhr wurden die einzelnen Wagen in Marsch gesetzt. Sammelpunkt war der Ausgang von Marienfelde. Hier begann die geschlossene Abfahrt, die uns bis in die Nähe von Dresden brachte, wo sich bereits Tieffliegerbeschuss bemerkbar machte und wir infolge einer Panne während der Nacht liegen bleiben mussten.

Am 15.4. morgens ging die Fahrt weiter über Teplitz-Schönau, durch das Egertal nach Karlsbad. Auf dieser Strecke hatten wir selbst schon unter Tieffliegerbeschuss zu leiden. Infolgedessen blieben zwei Wagen wegen Bruch auf der Strecke liegen. Der Rest gelangte bis nach Karlsbad, wo wir auf der Reichsbank ein Unterkommen fanden. Auf dieser Strecke hatten wir bereits infolge Überladung der Wagen mit grossen Schwierigkeiten zu kämpfen.

Am 16.4. wurden die beiden ca. 30 km entfernt liegen gebliebenen Wagen nach Karlsbad eingeschleppt. Einer davon wurde repariert, während der andere nach 14stündiger Verhandlung mit dem dortigen Polizeikommando ausgewechselt wurde. Inzwischen übernahm ich selbst von der Reichsbank Karlsbad einen Beutel mit Devisen laut Schreiben für die Hauptkasse und versuchte hier bereits das Notenpapier

./.

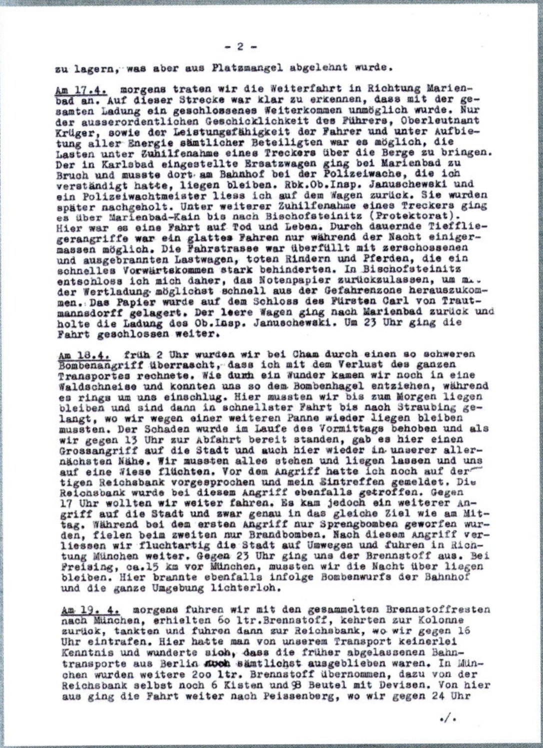

\- 2 -

zu lagern, was aber aus Platzmangel abgelehnt wurde.

Am 17.4. morgens traten wir die Weiterfahrt in Richtung Marienbad an. Auf dieser Strecke war klar zu erkennen, dass mit der gesamten Ladung ein geschlossenes Weiterkommen unmöglich wurde. Nur der ausserordentlichen Geschicklichkeit des Führers, Oberleutnant Krüger, sowie der Leistungsfähigkeit der Fahrer und unter Aufbietung aller Energie sämtlicher Beteiligten war es möglich, die Lasten unter Zuhilfenahme eines Treckers über die Berge zu bringen. Der in Karlsbad eingestellte Ersatzwagen ging bei Marienbad zu Bruch und musste dort am Bahnhof bei der Polizeiwache, die ich verständigt hatte, liegen bleiben. Rbk.Ob.Insp. Januschewski und ein Polizeiwachtmeister liess ich auf dem Wagen zurück. Sie wurden später nachgeholt. Unter weiterer Zuhilfenahme eines Treckers ging es über Marienbad-Kain bis nach Bischofsteinitz (Protektorat). Hier war es eine Fahrt auf Tod und Leben. Durch dauernde Tieffliegerangriffe war ein glattes Fahren nur während der Nacht einigermassen möglich. Die Fahrstrasse war überfüllt mit zerschossenen und ausgebrannten Lastwagen, toten Rindern und Pferden, die ein schnelles Vorwärtskommen stark behinderten. In Bischofsteinitz entschloss ich mich daher, das Notenpapier zurückzulassen, um m.. der Wertladung möglichst schnell aus der Gefahrenzone herauszukommen. Das Papier wurde auf dem Schloss des Fürsten Carl von Trautmannsdorff gelagert. Der leere Wagen ging nach Marienbad zurück und holte die Ladung des Ob.Insp. Januschewski. Um 23 Uhr ging die Fahrt geschlossen weiter.

Am 18.4. früh 2 Uhr wurden wir bei Cham durch einen so schweren Bombenangriff überrascht, dass ich mit dem Verlust des ganzen Transportes rechnete. Wie durch ein Wunder kamen wir noch in eine Waldschneise und konnten uns so dem Bombenhagel entziehen, während es rings um uns einschlug. Hier mussten wir bis zum Morgen liegen bleiben und sind dann in schnellster Fahrt bis nach Straubing gelangt, wo wir wegen einer weiteren Panne wieder liegen bleiben mussten. Der Schaden wurde im Laufe des Vormittags behoben und als wir gegen 13 Uhr zur Abfahrt bereit standen, gab es hier einen Grossangriff auf die Stadt und auch hier wieder in unserer allernächsten Nähe. Wir mussten alles stehen und liegen lassen und uns auf eine Wiese flüchten. Vor dem Angriff hatte ich noch auf der tigen Reichsbank vorgesprochen und mein Eintreffen gemeldet. Die Reichsbank wurde bei diesem Angriff ebenfalls getroffen. Gegen 17 Uhr wollten wir weiter fahren. Es kam jedoch ein weiterer Angriff auf die Stadt und zwar genau in das gleiche Ziel wie am Mittag. Während bei dem ersten Angriff nur Sprengbomben geworfen wurden, fielen beim zweiten nur Brandbomben. Nach diesem Angriff verliessen wir fluchtartig die Stadt auf Umwegen und fuhren in Richtung München weiter. Gegen 23 Uhr ging uns der Brennstoff aus. Bei Freising, ca.15 km vor München, mussten wir die Nacht über liegen bleiben. Hier brannte ebenfalls infolge Bombenwurfs der Bahnhof und die ganze Umgebung lichterloh.

Am 19. 4. morgens fuhren wir mit den gesammelten Brennstoffresten nach München, erhielten 60 ltr.Brennstoff, kehrten zur Kolonne zurück, tankten und fuhren dann zur Reichsbank, wo wir gegen 16 Uhr eintrafen. Hier hatte man von unserem Transport keinerlei Kenntnis und wunderte sich, dass die früher abgelassenen Bahntransporte aus Berlin noch sämtlichst ausgeblieben waren. In München wurden weitere 200 ltr. Brennstoff übernommen, dazu von der Reichsbank selbst noch 6 Kisten und 98 Beutel mit Devisen. Von hier aus ging die Fahrt weiter nach Peissenberg, wo wir gegen 24 Uhr

./.

Der Bericht des Reichsbankoberkassierers Netzeband, Seiten 1 und 2.

Der Millionenfund der Amerikaner.

siert hatte, sorgte am Walchensee rigoros für Waffenruhe. Als die Amerikaner über den Kesselberg einmarschierten, drohte Pfeiffer den sich dort im Verborgen liegenden, zum Kampf bereit haltenden Resten der 17. SS-Panzergrenadierdivision »Götz von Berlichingen« mit Angriffen von Seiten seiner Gebirgsjäger aus Mittenwald, sollten diese sich in der **Jachenau und am Walchensee** einigeln. Daraufhin zog die 17. nach einem kurzen Gefecht mit den Amerikanern Richtung Achenpass ab. Nach der Kapitulation des Deutschen Reiches kehrte Frieden am See ein. Doch die Gerüchteküche brodelte weiter und auch eine **Widerstandsbewegung aus Mittenwald (Turricum)** überbrachte die Informationen über einen Schatz den Amerikanern. Im Rahmen der Operation **»Savehaven«** hatten die **Gold-Rush-Teams der Amerikaner** die Aufgabe, Werte der Nazis sicherzustellen und an die ehemaligen Besitzer zurückzugeben. Und tatsächlich: Anfang Juni 1945 wurden einige deutsche Kriegsgefangene vom US-amerikanischen Gold-Rush-Team unter Druck gesetzt. Hauptmann Heinz Rüger, ehemaliger Offizier der Gebirgsjägerschule und Mitverstecker, hatte nach schmerzhafter Befragung im Garmisch-Partenkirchener Gefängnis das Versteck der Goldbarren am Walchensee schließlich preisgegeben.

07.06.1945 – der Millionenfund

Am 07. Juni 1945 erklommen die Soldaten des 55. Pionierbataillons den Steinriegel und machten dort den Fund ihres Lebens. Ihre Schnappschüsse sind die einzigen vorhandenen Aufnahmen von der Bergung des Reichsbankgoldes. Keiner der GI's konnte sich aber an Devisen erinnern! Es musste also jemand vor den Amerikanern an den Depots gewesen sein. **Und hier schließt sich der Kreis zu dem oben Berichteten.**

Zeugenaussagen einiger Beteiligter nach dem Krieg belegen: Am 29. April 1945 ließ Oberst Pfeiffer, Kommandeur der Gebirgsjäger, seine Männer die Devisendepots am Klausenkopf öffnen und befahl ihnen, drei neue Verstecke zu graben. Nur die leichteren Säcke mit den Devisen wurden umgelagert, **die Goldbarren blieben unberührt.** Die Beteiligten vereinbarten absolutes Stillschweigen und erfanden eine Legende für etwaige Vernehmungen: Die SS habe den Schatz nach Tirol transportiert. Hauptmann Rüger, der später im Verhör dem Gold-Rush-Team den entscheidenden Hinweis gab, konnte diese Verlagerungsaktion nicht verraten, denn er war nicht eingeweiht worden.

Devisen im Gemüsegarten

Der Goldschatz war also gefunden. Über das Gold der Reichsbankstelle München und die Devisen jedoch breitete sich ein Mantel des Schweigens, denn die Depots dieser Werte waren leer! Mit großer Wahrscheinlichkeit hatte Pfeiffer abermals zugeschlagen und nachdem die Wachposten an den Depots mit gefälschten Papieren entlassen worden waren auf eigene Faust weitere Umlagerungen durchgeführt. Geholfen hat ihm der rätselhafte Rauch, ehemaliger Oberleutnant der Schutzpolizei und Adjutant des Reichsministers Lammer. Beide transportierten in strapaziösen Nachtmärschen Devisen in die Gsteigstr. 36, Garmisch-Partenkirchen, zu den Gebrüdern von Blücher **und vergruben dort die Werte im Garten.** Aber dann wurde ein in einem Misthaufen in Mittenwald verstecktes Schlüsseldokument, das Netzeband-Protokoll, durch die Amerikaner aufgespürt und ausgewertet. Netzeband war als Reichsbankoberkassier, der den Werttransport von Anfang an begleitet und eine peinlich genaue Bestandsliste geführt hatte, verantwortlich und hatte das Netzeband-Protokoll verfasst. So erfuhren die Amerikaner nun auch von den versteckten Devisen. Untersuchungen über deren Verbleib setzten ein und führten zu der Gruppe um Pfeiffer und Rauch. Diese wurde mit einem erstaunlichen Prozedere konfrontiert: Bringt Werte bis zur Höhe der im Protokoll erfassten Beträge und wir lassen euch in Ruhe. Pfeiffer wusste ja darüber Bescheid, dass noch weitere Werte den Walchensee erreicht hatten, welche im Protokoll von Netzeband nicht erfasst waren. Also fing er ein Pokerspiel der besonderen Art mit den Amerikanern an. Diese zwangen ihn Werte, deren Höhe sich aus den vorliegenden Unterlagen ergab, beizubringen. Damit waren die Amerikaner zufrieden. Offensichtlich jedoch verschwieg Pfeiffer die zusätzlichen Werte und wies listenreich auf hohe Entnahmen durch Schwedler und Mielke hin. Auch wurden **Devisenfunde der Amerikaner im Landkreis Garmisch-Partenkirchen automatisch als Reichsbankwerte deklariert,** so z. B. die bei Oberau gefun-

Waffenschrott als Leitfunde.
↓

denen 400.000 US-Dollar. Durch diese Verschleierungstaktik konnte bis heute noch **keine zufriedenstellende Statistik** über den Verbleib der Devisenwerte erstellt werden. Auch von Seiten der Amerikaner gab es, außer für das Gold, keine Übernahmebelege. Das führte dazu, dass später neben den Amerikanern mehrmals Ermittlungen der deutschen Polizeibehörden durchgeführt wurden, mit dem Ziel, diese Unklarheiten zu beseitigen. Dieses gelang jedoch bis heute nicht, sodass die Bundesbank sogar noch im Jahr 2000 einen Rechercheur mit der Durchleuchtung und Beurteilung der damaligen Vorgänge beauftragte, um hier Klarheit über den Verbleib eventueller Restmengen zu bekommen. Parallel stattfindende polizeiliche Ermittlungen wurden nach **Überschreitung des Verjährungshorizontes** eingestellt.

Nicht protokollierte Werte

Und hier gründet der Suchansatz. Alles, was der gewissenhafte Reichsbankoberkassier Netzeband protokolliert hatte, wurde mit der Zeit gefunden, **aber hatte er wirklich alles protokolliert?**

Nein! Nach dem Krieg gab es Spekulationen, ein Teil des Schatzes sei nicht gefunden. Es wurde vermutet, dass noch bis zu drei Tonnen auf einen glücklichen Finder warten. Auch die Amerikaner vermissten 200 Kilogramm Gold, wie der Bericht der Landespolizei ausweist. Faktisch wurden ja damals sehr viel mehr Werte an den Walchensee gebracht als über die vorhandenen Protokolle erfasst wurde.

Immer wieder wurden nach dem Krieg den Treuhändern Werte aus dieser Gegend angeboten, zu einer Übergabe kam es

↖
Fragmente eines gefundenen Wehrmachtshelmes werden zusammengesetzt.

←
Waldsuche am Walchensee.

Ein neugieriger Steinbock.

niemals, da die Möglichkeit der Existenz von Raubgold (gestohlen aus den Landesbanken der besetzten Gebiete während des Krieges) nicht ausgeschlossen werden konnte und damit eine Fundprämie nicht auszahlbar gewesen wäre.

Kriegsende Mai 1945

Am Ende des Krieges kamen viele Menschen in die Alpenregionen auf der Flucht vor den Siegern. Nazi-Bonzen, Militärs und Parteifunktionäre flohen nach Süden, in der Hoffnung, an einem sicheren Plätzchen das Kriegsende abwarten zu können. In Garmisch-Partenkirchen mit damals rund 20.000 Einwohnern, hielten sich zeitweilig bis zu 80.000 Personen auf. Berghütten, Heustadel, Häuser und Almen waren belegt mit teils hochrangigen Flüchtlingen. In Garmisch stand überall Militärgerät.

Mitgeführte Wertgegenstände wurden, auch mit der Hilfe von Einheimischen, **vermauert oder vergraben.** Darüber hinaus wurden weitere Werte in Mittenwald oder direkt am Forsthaus angeliefert: **9 wasserdichte Kisten, 24 Kisten mit Juwelen.** Weiter gibt es Hinweise auf Werte von hochrangigen Vertretern des Dritten Reiches und auch die am Simetsberg gefundenen Weinflaschen und Spirituosen tauchen in einigen Zeitdokumenten auf. Die von Berlin fast zeitgleich mit dem Netzeband-Transport aufgebrochenen Züge »Adler« und »Dohle« (verantwortlich war Rosenberg-Lipinski) steuerten ursprünglich mit Ihrer Fracht von 500.000.000 Reichsmark und Devisen laut Marschbefehl die bayerischen Berge an. In den Zügen befanden sich Führungsstäbe der verschiedenen Reichsministerien, sowie der Reichs-, Präsidial- und Parteikanzlei, deren Reiseziel angeblich Garmisch-Partenkirchen war. Die Züge erreichten ihr Ziel zwar nicht, sondern kamen nur bis München, aber die Weiterreise der Führungsstäbe mit den mitgeschleppten Wertgegenständen nach Garmisch-Partenkirchen ist aufgrund des Marschbefehles wahrscheinlich.

Aus dem von Netzeband protokollierten Haupttransport bleiben weiterhin fraglich: **25 Kisten Gold, neun wasserdichte Kisten mit unbekanntem Inhalt, ca. 30 Säcke mit Devisen, weitere sechs Kisten mit unbekanntem Inhalt, 20 Kisten mit Juwelen, 34 Druckplatten** sowie kleinere Horte und Depots. Über die gefundenen Devisen liegen verschiedene Informationen vor, welche keine verlässliche Aussage über die Höhe des Gesamtbetrages zulassen. Die Ermittler halten im Jahre 1953 darüber hinaus betreffend des Goldschatzes Folgendes fest: **»Im Walchenseegebiet wurden rund 12 Tonnen Gold vergraben. Die Amerikaner fanden durch ihre Bemühungen und deutschen Agenten nur 9,1 Tonnen.«**

Zusätzlich gab es auch noch weitere belegte Werttransporte in die Region um den Walchensee, jedoch nicht auf den Steinriegel, sondern in angrenzende Gebiete. Diese waren vom Reichsbankgoldtransport unabhängig. 2003 suchte beispielsweise Rudolf Elender mit Hilfe einer originalen Verbringerkarte an einer bestimmten Stelle im Estergebirge. Darüber wurde auch in der ZDF-Dokumentation »Jäger verlorener Schätze – Das Reichbankgold« detailliert berichtet.

Ebenso sollen aus verschiedenen Stäben und Entwicklungsprojekten Dokumente und Unterlagen den Weg nach Oberbayern gefunden haben. Ein Beispiel hierfür ist die Verlagerung eines Windkanales von Peenemünde an den Kochelsee. Auch Werner Heisenberg, der Vater der Unschärferelation, wurde in Urfeld von den Amerikanern einkassiert. Andere Geschichten betreffen Hans L., der am Kriegsende 1945 einen weiteren Transport beobachtete, verfolgte und die gefundenen Schätze umlagerte. Er verstarb nach einem Autounfall. Seiner Frau konnte er die Lagerstätten aufgrund seiner schweren Kopfverletzungen nicht mitteilen. Über 20 Jahre suchte ein Kocheler Bürger nach dem L.-Schatz und fand nichts außer einer leeren Umlagerungsstätte! Auch gibt es **klare Nachweise,** dass sich einige Verbringer nach dem Krieg eines Lebensstils erfreuten, der nicht ihren offiziellen Einkommensmöglichkeiten entsprach.

Fazit:
Spannende Fundchancen am Walchensee

1. ***Reste des Reichsbankgoldes und der sonstigen Werte, wie oben beschrieben.***
2. ***Reste anderer Transporte in die Gegend wie z. B. der Hans-L.-Transport.***
3. ***Kleinere Horte aller Arten von Preziosen von Flüchtlingen, die am Kriegsende das Gebiet durchquert haben in der Hoffnung, in der Alpenfestung Zuflucht zu finden.***

Alles war damals in Bewegung nach Süden, die Straßen verstopft, die Züge überfüllt. Und es ist naheliegend anzunehmen, dass nicht nur Hausrat und Essen transportiert wurde. Manch wohlhabender Nazi, genannt Goldfasan, manch hochrangiger Militär, manch Funktionär des dritten Reiches führte in seinem Gepäck die Mittel für einen Neuanfang mit sich. Gold, Silber, Devisen, Kunstwerke – alles schwappte nach Süden in der Hoffnung, ein ruhiges Eckchen oder sogar einen Platz in der sagenumwobenen **»Alpenfestung«** zu ergattern, um dort das Ende des unsäglichen Krieges abzuwarten und danach neu anzufangen. Für diesen Neuanfang wäre das Startkapital dann schon vorhanden. Das musste aber vor dem Zugriff der Sieger geschützt werden. Ideal, wenn es dafür einen Ansprechpartner vor Ort gab wie den Oberst Pfeiffer oder Friedrich Rauch in der Luttenseekaserne in Mittenwald. Schön, wenn man ein Netzwerk hatte, dem man vertrauen konnte und mit dessen Hilfe man die Werte z. B. im Übungsgebiet der Gebirgsjäger verstecken konnte. Aber auch wer niemand kannte, hatte in den unzugänglichen Bergen gute Chancen, sich selbst und seine Schätze über das Kriegsende hinaus zu retten.

Hüttenbücher verraten hier einiges: Hier ein SS-Stab, dort politische Bonzen auf den Berghütten. Und natürlich deren »Spargroschen« für die unsicheren Zeiten nach dem Krieg. Diese versteckte oder vergrub man. Die meisten dieser Horte wurden dann nach dem Krieg wieder ausgeräumt und in eine sonnigere Zukunft investiert. Aber nicht alle Horte wurden geleert. Nazis wurden von den Siegern einkassiert und verurteilt. Soldaten landeten in Internierungslagern. Der Tod griff in die Reihen und forderte manches Opfer, das sein Versteck nicht mehr ausräumen konnte.

Manch ein Verbringer schaffte es zwar zurück in die Gegend, aber die Gegend war verändert. Hütten brannten ab, Windbruch zerstörte die Wälder, alte Wege verwilderten, neue Forstwege entstanden. Je nach Jahreszeit sehen Orte in den Bergen völlig verändert aus. **Kurz, sie fanden die Horte nicht mehr.** Und dann hofften einige darauf, nach einer eventuellen Verjährung ihre Schätze aus den Verstecken zu holen. Nur fand sich mancher plötzlich in der DDR eingesperrt wieder und konnte keinen Zugriff erlangen.

SEHENSWERT

Nimm Dein Badezeug mit.
Nichts ist erfrischender als nach einer anstrengenden Suchttour in die kühlen Fluten des türkisblauen Sees zu springen. Bist Du Wind- oder Kitesurfer, vergiss nicht Dein Sportgerät. Der See ist ein Segelparadies.

SCHATZJÄGER GESUCHT #6

Cocos Island: Pirateninsel im Stillen Ozean

Ort:
Mittelamerika

Typus:
Neuzeit

Belegbarkeit:
gut

Art des Versteckes:
geplant

Fundwahrscheinlichkeit:
groß

Eine Schatzkarte vereinfacht die Suche.

Inselparadies
mit Schatzgarantie.

Begleite mich nun zu Cocos Island, der Schatzinsel vor der Küste Costa Ricas und erfahre mehr über die Geschichte eines Schatzes, der sich bis heute trotz umfangreicher Archivmaterialien und moderner Bergetechnik der Entdeckung entzieht. **200 Expeditionen wurden im Laufe der Jahrhunderte unternommen,** um die Schätze der Insel zu heben, doch bis auf ein paar Münzen war keiner einzigen davon Erfolg beschieden.

Allerdings wollen Gerüchte wissen, dass einem französischen Taucherteam eine Kiste mit Goldmünzen in die Hände fiel. Versteckt in ihren Tauchflaschen schmuggelten die Franzosen die Münzen von der Insel.

550 Kilometer vor den Küsten Mittelamerikas taucht ein tropisches Paradies aus dem stürmischen Wellengang des Pazifiks auf. Eine Insel, beherrscht von drei steilen Vulkankegeln, liegt in Gestalt eines liegenden Hundes im Stillen Ozean. Das nächstgelegene Land Richtung Westen sind die **Galapagosinseln,** Richtung Osten ist es **Costa Rica.** Dichter Urwald überzieht die Insel, auf halber Höhe stürzt sich ein Wasserfall in die Tiefe. Süßwasser, das war es auch, was die Segelschiffe vom 16. bis ins 19. Jahrhundert anzog, bevor sie in die Weiten des stillen Ozeans aufbrachen. Ebenso die damals zahlreich vorhandenen Schildkröten. Als lebender Fleischvorrat lagen die Tiere dicht an dicht auf den Schiffsdecks, bevor sie in den Kochtopf wanderten. Während die meisten Besucher etwas von der Insel mitnahmen, gab es auch einige zwielichtige Gestalten, die etwas auf der Insel zurückließen: Piraten! Piraten und ihre Schätze.

Cocos Island, die perfekte Schatzinsel

Erfolgreiche Piraten jener Zeit hatten ein auch heute noch nachvollziehbares Problem – nämlich: wohin mit den geraubten Schätzen? Auf die Bank bringen und sich mit den Zinsen den Lebensabend versüßen? Undenkbar. Zwar gab es seit dem 13. Jahrhundert schon Geschäftsbanken, welche aber durch die Obrigkeit kontrolliert wurden. Einem König die Schiffe zu berauben und die Beute dann auf eine Bank des Landes einzuzahlen, wäre für einen Piraten der Gipfel an Idiotie gewesen. Der einzig legale Weg der Piraterie war der **Erwerb oder die Gewährung eines Kaperbriefes.** Damit durfte ein Pirat im Auftrag einer Regierung oder im Namen eines Monarchen den jeweiligen Kriegsgegner plündern. Er teilte sich die Beute mit den Auftraggebern und konnte sich mit etwas Glück mit seinem

Anteil einen geruhsamen Lebensabend finanzieren. Freibeuter wie Morgan oder Sir Francis Drake zogen es deshalb vor, mit einem Kaperbrief die Meere zu befahren, um dann in den weichen Daunenbetten der eigenen Bürgerhäuser als angesehene Mitglieder der Gesellschaft an Altersschwäche dahinzuscheiden. Zeitweilig war die **Freibeuterei als Geschäftsmodell** so beliebt, dass Kaufleute und Politiker, wie Robert Surcouf oder Sir Walter Raleigh auf eigene Kosten einen Freibeuter ausrüsteten, einen Kapitän anheuerten und das Schiff auf Kaperfahrt schickten. Die Prise wurde dann geteilt zwischen Finanzier und Kaperfahrer.

Völlig risikofrei war eine solche Fahrt natürlich nicht, denn auch die Freibeuter wurden von gegnerischen Flottenverbänden gejagt und manches vermeintlich hilflose Handelsschiff mit fetter Prise entpuppte sich als gut geplante Falle, wenn während des Enterns plötzlich hundert Seesoldaten aus dem Unterdeck hervorstürzten. Auch drehte sich sehr oft der Wind. Nicht nur auf See, sondern auch in der Politik. Monarchen schlossen Frieden und das gestern noch feindliche Segelschiff war ab sofort ein Verbündeter. Bis die Kunde über solche politischen Neuordnungen aber in die Meeresweiten vorgedrungen waren, hatte der eifrige Freibeuter bereits einige Schiffe des »neuen besten Freundes« des Monarchen geplündert und war angeraten – wollte er nicht wegen Piraterie am Galgen enden – seinen Heimathafen nicht mehr anzulaufen.

Freibeuter ahoi!

Und dann hatte er wie alle anderen Piraten ohne Kaperbrief ein Problem mit der Beute. Eine Bankeinzahlung war nicht sinnvoll, blieb die Prise jedoch auf dem Schiff, bestand die Gefahr, im nächsten Gefecht auf den Grund des Meeres zu sinken oder von einer raffgierigen Crew bei einer Meuterei

eingesackt zu werden. Die Gefahren des Schiffbruchs durch Sandbänke, Riffe, Stürme und Monsterwellen waren ein weiterer einleuchtender Grund, **Wertvolles nicht auf dem Segler zu deponieren.** Und last but not least konnte ein Pirat, der seinen Häschern in die Hände fiel, darauf hoffen, sich mit der Preisgabe eines versteckten Schatzes eventuell seine Freiheit oder immerhin die Verschonung vor dem Galgen zu erkaufen. Idealerweise aber schwebte einem Bukanier, wie sich die Piraten selbst bezeichneten, ein sorgenfreies Leben als respektabler Plantagenbesitzer oder angesehener Bürger auf einer der karibischen Inseln vor. Dazu musste er aber seinen Hort irgendwie und irgendwo deponieren. Unter der Matratze auf dem Schiff oder bei Oma und Freundin waren schlechte Ideen. Notare, Rechtsanwälte und sonstige Vertrauenspersonen neigten zu jenen Zeiten dazu, mit illegal erworbenen Werten selbst das Weite zu suchen.

Aber segelte ein Pirat nicht an vielen Inseln vorbei? Einige davon waren zwar besiedelt, aber viele auch menschenleer, unwegsam und von der See bewacht – ideale Schatzverstecke.

Das erkannten auch die Piraten und versteckten ihre Schätze auf den einsamen Inseln. Eine davon war **Cocos Island.** Mehrmals im Laufe der Jahrhunderte fanden hoffnungsfrohe Piraten dort ein Versteck für die geraubten Schätze. Angeblich nutzten Henry Morgan, William Dampier und Benito Bonito die Insel als Schatzinsel. Aber noch spektakulärere Schatztransporte

← Einsame Schatzstrände.

Schrecken der Seefahrt: Piraten. ↓

fanden dort angeblich einen Ruheplatz. Beispielsweise die 733 Goldbarren des Edward Davis, welcher eine ganze Piratenflotte befehligte.

Der Kirchenschatz vom Lima

Als sich 1820 in Peru kräftig Widerstand gegen die lange Kolonialherrschaft der Spanier regte, entschlossen sich der Gouverneur und die Kirche von Lima, ihre Schätze vor der Revolution Simon Bolivars in Sicherheit zu bringen. Sie charterten das britische **Schiff »Mary Dear« unter Kapitän Thompson,** um auf dem Seeweg ihre wertvollsten Besitztümer außer Landes zu transportieren. Beladen wurde die »Mary Dear« mit einer Vielzahl von Kunstgegenständen und mehreren hundert Kilogramm Edelmetall wie Gold und Silber sowie einer überlebensgroßen Marienstatue aus purem Gold, besetzt mit fast 1700 Edelsteinen. Einige Passagiere begleiteten den Schatz, doch keiner rechnete mit der Gier des Kapitäns Thompson, der sich des Schatzes bemächtigte. Über das Schicksal der mitreisenden Passagiere ist nichts bekannt, aber vermutlich wurden sie von Thomson getötet. **Das Schiff lief schließlich Cocos Island an, wo er den Schatz versteckte.** Zwar brachten die Spanier kurz darauf die »Mary Dear« auf und richteten, wütend wie Sie waren, die Besatzung hin. Thompson und sein erster Offizier retteten jedoch ihren Kopf und führten die Spanier auf die Insel zurück, damit sie ihnen das Versteck des Schatzes zeigen konnten. Beide Männer flüchteten in den undurchdringlichen Dschungel und entkamen, auch wenn es ihnen bis zu ihrem Lebensende durch eine Reihe unglücklicher Umstände nicht gelang, den Schatz zu bergen.

Zahllose Schatzsucher ließen sich von der Geschichte fesseln und suchten daraufhin die Insel heim. Henry St. Leger Bury Palliser, ein britischer Admiral, sprengte sich 1904 einen Weg durch den Dschungel, ohne jemals fündig zu werden. Der deutsche Schatzsucher August Lietz hat bis 1902 zwanzig Jahre auf der Insel nach dem Kirchenschatz von Lima gesucht, ohne ihn je gefunden zu haben. **Bislang sind auch nirgendwo Bestandteile davon wiederaufgetaucht.** August Giessler besiedelte vor 1900 die Insel mit deutschstämmigen Bauern, um seinem Schatzfieber unter dem Deckmäntelchen einer Kolonisation nachgehen zu können. Das Wetter, die Mücken

←

Verschwunden bis heute: Der Kirchenschatz von Lima.

Preziosen, aber wo verstecken?.

↓

SEHENSWERT

Bleibst Du noch etwas in **Costa Rica,** solltest Du unbedingt den **El Arenal Nationalpark** besuchen. Der Arenal ist der jüngste Vulkan Costa Ricas sowie einer der aktivsten Vulkane der Welt. Mit etwas Glück erspähst Du auf einem der Wanderwege im Nationalpark die bunten Nashornvögel oder ein behäbiges Faultier.

Undurchdringlicher Dschungel prägt das Erscheinungsbild der Insel.

und der für Feldfrüchteanbau unfruchtbare Boden vertrieben die Kolonisten langsam von der Insel. Giessler gingen Geld und Vorräte aus, sodass er die Suche aufgeben musste. Sir Malcolm Campbell, ein notorischer Schatzsucher, und sogar Theodore Roosevelt verfielen dem Goldfieber und besuchten die Insel mehrmals. Laufend wurden die Schatzsuchertruppen durch die Behörden von der Insel gejagt. Doch das störte wenig, Abenteurer und Schatzsucher landeten einfach illegal an. Ein Schatzsucher wachste in den Siebzigern seine Koffer wasserdicht und fuhr mit einem winzigen Kahn mit altersschwachem Außenborder die 550 Kilometer zur Insel.

Reinhold Ostlers Waterloo

Auch einer der bekanntesten Schatzsucher Deutschlands, Reinhold Ostler, suchte erfolglos vor Ort. Außer **Überresten von Giesslers Besiedelungsversuch** fanden sie jedoch keine historischen Reste, geschweige denn Schätze.

Schlussendlich hatte die costa-ricanische Regierung genug von den Glücksrittern, **verbot jede Schatzsuche** und erklärte die Insel zum Nationalpark. Eine Besatzung von Park Rangern sorgt dafür, dass die Insel von Schatzsuchern verschont bleibt.

Tauchtrip buchen

Heute darf man offiziell bei Tag die Insel betreten, muss sie aber des Nachts wieder verlassen. Der einzig legale dauerhafte Aufenthalt vor Ort ist die **Buchung eines Wochentauchtrips um die Insel.** Als hervorragendes Tauchgebiet für Strömungstauchen haben die Tauchspots um Cocos Island Kultstatus in der Taucherszene und als Taucher kann man tagsüber dann zur Insel wechseln und sich nachts auf den luxuriösen Tauchschiffen verwöhnen lassen.

Leider solltest Du schon vorher einen kleinen Schatz gefunden haben, der Dir diesen Tauchurlaub finanziert, denn mit 3000 Dollar ist die Tauchwoche kein Schnäppchen.

SCHATZJÄGER GESUCHT #7

Totenschädel und eine Grabkammer im Leinawald

Ort:
Thüringen

Typus:
Neuzeit

Belegbarkeit:
gut

Art des Versteckes:
geplant

Fundwahrscheinlichkeit:
gering

August 1944: In Bletchley Park, dem Auswertungszentrum der britischen Luftaufklärung, herrscht Aufregung als Luftbilder aus Thüringen begutachtet werden. Direkt neben dem Altenburger Flugplatz glauben die Offiziere die **Umrisse eines riesigen Totenschädels** zu erkennen!

Das Zeichen ist mehr als ein zufälliges Muster – es ist von Menschenhand in den Sandboden gezeichnet. Etwa um auf ein **geheimes Versteck** hinzuweisen?

Zeitzeugen erzählen von Kriegsgefangenen, die den Pfennigberg im Auftrag der Organisation Todt aushöhlten. Das glauben zumindest zahlreiche Schatzsucher, die der Mythos Leinawald bis heute in den Bann zieht, auch wenn das vom Grün überwucherte Zeichen aus der Luft schon lange nicht mehr zu erkennen ist. Gestützt wird ihre Theorie durch die Aussagen mehrerer Zeitzeugen. Sie berichten nicht nur von Zwangsarbeitern, sondern wollen sogar mit eigenen Augen Teile eines unterirdischen Bunkers gesehen haben. Auch verschiedene Messungen von Heimatforschern deuten auf einen Hohlraum hin.

Doch was genau sollte dort unten versteckt werden? Erst vermutete man hier die verschollenen Goldbarren der Reichsbank, später eine Flugzeugfabrik oder ein geheimes Bombenprojekt. Auch Gerüchte um das legendäre Bernsteinzimmer halten sich hartnäckig. Zuletzt sorgt eine neue These für Aufsehen, der zufolge in 45 Metern Tiefe eine **gigantische Grabkammer** nach Plänen von Hitlers Architekt Albert Speer gebaut worden sein soll.

Passend dazu stößt man 2011 auf ein Massengrab mit 66 Leichen – offenbar die sterblichen Überreste der oben erwähnten Zwangsarbeiter.

←
Schloss Altenburg beherbergt das weltberühmte Spielkartenmuseum.

SEHENSWERT

Ein paar Kilometer entfernt wartet ein einzigartiges Museumserlebnis auf Dich: das **Altenburger Spielkartenmuseum.** Für Zocker ein Muss, dort wurde das Skatspiel erfunden.

Heute ein idyllisches Naherholungsgebiet: der Leinawald bei Altenburg.

Fossilien, die unterschätzten Schätze der Urzeit

Ort:
Mitteleuropa

Typus:
Urzeit

Belegbarkeit:
sehr gut

Art des Versteckes:
ungeplant

Fundwahrscheinlichkeit:
sehr groß

↑
Ammoniten, die meist gefundenen Fossilien.

←
Sensationeller Fund: der Archaeopterix.

Lass uns nun weit in die Vergangenheit zurückreisen. Vor 250 Millionen Jahren war Mitteleuropa ein Südseeparadies. Es lag näher am Äquator und wanderte per Kontinentaldrift gemächlich nach Norden. Das heutige Europa war bedeckt von einem flachen, tropischen Meer, durchsetzt von gigantischen Riffen.

Aus dem Meer ragten nur einzelne Berggipfel, wie etwa heute Hawaii aus dem pazifischen Ozean. Das Gebiet ähnelte den heutigen Bahamas mit tropischen Inseln, auf denen eine Vielzahl von prähistorischen Tierarten lebten. **Solnhofen** mit seinem Archaeopteryx, versteinerten Algen, Muscheln und Ammoniten gibt uns heute einen Einblick in Flora und Fauna des Urmeeres.

Auch die vielen Fossilien von Fischen und Fischsauriern und die bis zu zwei Meter großen Ammoniten, die Du auf der **Schwäbischen Alb** finden kannst, entstanden zu dieser Zeit. Übrigens wurde zu Zeiten Kaiser Wilhelms aufgrund der vielen Funde sogar überlegt, den Ammoniten zum Wappentier Deutschlands zu machen.

Weniger Spuren hingegen hinterließen die Dinosaurier 50 Millionen Jahre später. Bislang wurden überwiegend Versteinerungen gefunden, welche unter anderem von Allosaurus, Liliensternus und Megalosaurus stammten. Diese lebten wohl von der Jagd auf Pflanzenfresser wie den Apatosaurus oder den riesigen Diplodocus.

Mit der Inselbildung im Urmeer setzte auch die berühmte Verzwergung ein. Die begrenzten Inseln gaben weniger Nahrung her. Kleinere Tiere brauchen weniger Nahrung. Also schrumpften die Riesen der Urzeit auf »Inselgröße« wie z. B. der Europasaurus, immerhin noch sechs Meter lang. Ein heute lebendes Beispiel einer Inselverzwergung ist der Borneo Zwergelefant mit einer Schulterhöhe von 2,50 Meter.

30 Millionen Jahre später weideten riesige Iguanodon-Herden in den bis dahin entstandenen Steppen Zentraleuropas.

Fossilien der Urzeit

Und diese Vielfalt hinterließ ihre Spuren bis heute. In Form von **Versteinerungen, den Fossilien.** Diese finden sich heute noch an vielen Stellen Mitteleuropas. Dabei handelt es sich überwiegend um die Versteinerung von **Meereslebewesen.** Diese wurden

Schrecken des Urmeeres: der Ichthyosaurier.
↓

aufgrund des Sauerstoffabschlusses im Meeressediment besser erhalten und versteinerten im Laufe der Jahrmillionen.

Landtiere hingegen waren nach ihrem Tod Fraßfeinden, Fäulnisprozessen und Witterung ausgesetzt. Überreste von Großtieren werden dann eher in besonderen Umgebungen, wie **urzeitlichen Moorgebieten oder Pechgruben** gefunden, in welche die Tiere hineinfielen, verendeten und konserviert wurden.

Und da kommst Du als Jäger verlorener Schätze ins Spiel. **Verteilt über Deutschland, Österreich und Schweiz** existieren viele zugängliche Fundstellen von Fossilien. Meist handelt es sich um sogenannte Aufschlüsse, also Stellen, an denen die Fossilien an der Oberfläche zugänglich sind. Das können natürliche Aufschlüsse wie **Bergrutsche oder Bachtäler,** aber auch künstliche wie z. B. **Steinbrüche, Bergwerke oder Kohlengruben** sein. Bekannte Fundorte in Deutschland sind die **Grube Messel, Solnhofen und Holzmaden,** in Österreich findest Du Fossilien bei **Arndt oder Hallstadt.** In der Schweiz ist es der **Monte San Giorgio, Frick und Holderbank.** Dort heißen die Fossilienfundstätten übrigens **Klopfstätten.** Eine treffend lautmalerische Bezeichnung, die sich aus der Lärmkulisse an Fossilienfundstätten ergibt. Mit Hammer und Meißel werden die Gesteine aufgebrochen, auf dass sich der Stein entlang der inliegenden Fossilien spaltet und die eingeschlossenen Urzeitlebewesen freigibt.

Erschwingliche Schatzsuche

Fossiliensuche ist eine der preiswertesten Schatzsuchen. **Ein Hammer und ein Meißel, feste Arbeitshandschuhe, Schutzbrille** gegen abplatzende Steinsplitter und eine schier endlose Geduld, Massen von Stein zu spalten, genügen.

↑ **Grundausstattung: Hammer, Meißel, Handschuhe.**

In den kommerzialisierten Fundstellen, wie z. B. im Solnhofer Schiefer, kannst Du Dir die Suchausrüstung sogar tageweise leihen. Leider müssen die Funde beim Verlassen der Steinbrüche vorgezeigt werden und die Betreiber behalten sich vor, herausragende Funde einzuziehen. Aber keine Panik. Du kannst auch auf eigene Faust losziehen. Beispielsweise im **Altmühltal,** dem Fundort des berühmten Urvogels, sind **entlang des Limes** immer wieder zugängliche Aufschlüsse mit Fossilien zu finden. Da kann man dann den Meißel ansetzen. Auch zuhause lohnt es sich, die Augen offen zu halten. Direkt vor meiner Haustüre ragt der **Kramer,** ein Berg mit knapp 2000 Meter auf. Im Herbst ein beliebter Wanderberg, birgt er an der Nordwestseite ein Geheimnis. Ein steiler Bergbach hat sich eine tiefe Schlucht in den weichen Kalkstein gegraben: die **»Schneckenlaine«**. Schon der Name weist auf die gewendelten Gehäuse der Weichtiere hin und tatsächlich: Wer sich dort umsieht, stößt nach einigem Suchen im Bachbett auf Brocken mit versteinerten Ammoniten und Muscheln. Noch mehr urzeitliches Getier legt man mit Hammer und Meißel frei.

SEHENSWERT

»Klopfstelle« Titting: Für den Fossilienjäger mit etwas Glück und Geduld stehen die Chancen gut, bald selbst eine versteinerte Pflanze, einen Haarstern oder manchmal sogar einen Ammoniten in Händen zu halten. Das notwendige Werkzeug – Hammer und Meißel – können in der Touristeninformation in der Marktstrasse 21 in Titting ausgeliehen werden.

Such' Dir einen passenden Steinbrocken.

Ausrüstung aus dem Baumarkt

Der Hammer, mit dem die meisten beginnen Ihrem Hobby zu frönen, ist der **Maurerhammer.** Für ein paar Euro ist der Maurerhammer als Einstiegshammer für Anfänger ein durchaus geeignetes Werkzeug, mit dem man Gesteine zerspalten und zerschlagen kann. Auch eignet sich der Hammer gut für leichte Grabearbeiten.

Natürlich wird auch Profimaterial angeboten: die **Geologenhämmer.** Estwing beispielsweise stellt 2 Formen von Geologenhämmern her. Die Hämmer bestehen aus Spezialstahl, der für die Gesteinsbearbeitung besonders gut geeignet ist. Stiel und Kopf sind aus einem Stück geschmiedet und bilden eine exakt aufeinander abgestimmte Einheit, wobei der Stiel nicht wie bei den Maurerhämmern innen hohl ist. Zum Zerklopfen von Gesteinsbrocken greift man zum **Fäustel.** Ebenfalls erhältlich in Profiqualität oder aus dem Baumarkt. Weiterhin benötigst Du einen oder mehrere **Steinmeißel.** Für die meisten Eventualitäten ist man gerüstet, wenn man im Rucksack zusätzlich zum Pickhammer und Fäustel noch einen mittelgroßen **Stein-Spitzmeißel** und **Stein-Flachmeißel** dabeihat.

Spalte mit Schwung!

Geschafft, der Klügere hat nachgegeben.

Hau rein und schlag zu!

Und schon geht es los. Such' Dir einen Gesteinsbrocken. **Die Größe ist gleichbedeutend mit dem Gewicht des Hammers.** Je größer der zu spaltende Steinbrocken ist, desto schwerer muss der Hammer sein. **Und dann schlag zu, feste druff.** Der Steinbrocken vibriert, bzw. gerät in Schwingung, bis er reißt. Wenn Du ihn genau betrachtest, siehst Du vielleicht die **Risse.** Dort setz den Meißel an.

Kannst Du keine Risse entdecken, versuch' Folgendes: Nimm Deinen schwersten Hammer oder Fäustel. Am besten ist es bei kleineren Brocken zu »prellen«, wie man in Bayern sagt. Also stumpf ohne Meißel draufschlagen. Hat man die richtige Größe des Hammers gewählt, wird der Stein nach ein paar Schlägen einen ersten Riss aufweisen. Aufgepasst: **Prellen parallel zur Schichtung geht besonders gut.** Der Riss nach dem Prellen verläuft an der schwächsten Stelle genau an der Schichtung entlang. **Jetzt spaltet sich der Stein** und Du kannst hoffentlich einen prächtigen Ammoniten, eine Muschel oder einen Fisch Dein eigen nennen.

Vorsichtig kannst Du nun versuchen, das Fossil weiter zu befreien. **Sei aber sehr behutsam,** der Fels spaltet sich selten so wie Du willst. Da trifft dann der alte Geologenspruch zu: »Der letzte Hammerschlag war einer zu viel«. Also lieber gefühlvoll schlagen, oder noch besser mit **Spezialgerät.** Statt Hammer, Hämmerchen, statt Meißel, Meißelchen und für die Feinarbeit, Präpariernadeln oder Schusterahlen.

Chemische Präparation:
Weniger brachial ist die chemische Präparation. Je nach Gesteinsart werden dazu Laugen oder Säuren eingesetzt, welche das umgebende Gestein zersetzen und das Fossil freilegen. Genaueres zu Präparationstechniken erfährst Du bei YouTube oder in der Fossilien Community: ***www.steinkern.de.***

Eine versteinerte Pflanze.

Perfekt gespalten.

Überraschender Fund: hübsche Bergkristalldruse.

SCHATZJÄGER GESUCHT #9

Der Schatz der Wettiner bei Dresden

Ort:
nahe Dresden

Typus:
Neuzeit

Belegbarkeit:
sehr gut

Art des Versteckes:
geplant

Fundwahrscheinlichkeit:
mögliche Reste

↑ Schloss Moritzburg, der Wohnsitz der Wettiner.

↗ Die dichten Kiefernwälder um Dresden boten ideale Schatzverstecke.

1945 rückte die rote Armee unaufhaltsam auf Dresden vor. Panisch versuchten auch die alten Adelsfamilien, welche als Konterrevolutionäre die Beschlagnahmung ihrer Güter und die Einziehung ihrer Vermögen durch die zukünftigen Machthaber erwarten konnten, ihre Wertgegenstände in Sicherheit zu bringen. Auch die Adelsfamilie der Wettiner in Dresden bereitete die Flucht gen Westen vor. Im riesigen Moritzburger Schloss, dem Wohnsitz der Familie, lagerten jedoch zu viele Kunstgegenstände. So vergruben der Förster und die Prinzen Dedo und Gero 43 Kisten hinter dem Schloss im Moritzburger Wald. Das Wissen um den Schatz pressten nach der Besetzung des Elb-Florenz russische Vernehmungsoffiziere aus dem unglücklichen Förster, gruben eine unbekannte Zahl von Kisten aus und überstellten diese nach St. Petersburg. Einige Stücke des Schatzes wurden später im Museum der Eremitage ausgestellt. Die restlichen Kisten im Moritzburger Wald hingegen gerieten in Vergessenheit.

Vergessen bis 1996 im Wald

Im Oktober 1996 schwangen Hanno Vollsack und Claudia Marschner ihren Metalldetektor im Moritzburger Wald. Auf dem Rückweg zum Auto schlug das Gerät an. **Drei Kisten mit den wertvollsten Teilen des Wettiner Schatzes** erblickten nach 51 Jahren das Licht des Tages. Nach zwei Tagen meldeten die überwältigten, aber zutiefst verunsicherten Finder den Fund bei der Polizei, kassierten in der Folge eine Belohnung durch die Wettiner und eine Geldstrafe wegen unerlaubter Grabung.

Ein spektakulärer Fund. Wurde damit aber schon alles gefunden? Zwar führten die Archäologen des sächsischen Landesamts für Denkmalschutz noch Nachgrabungen im Wald durch, allerdings wurden dabei immer wieder Fundgegenstände übersehen. Auch gibt es bis heute keine Aufstellung darüber, wie viele Kisten von den Russen geborgen worden sind. **Alles in allem besteht also durchaus eine Chance auf Folgefunde.**

Überleg Dir, was Du suchst

Die Sachsen verstehen bei Schatzsuchern keinen Spaß. Kürzlich wurde ein abenteuerlustiger Hamburger Taucher beim illegalen Schatztauchen nach Nazischätzen im Schlossteich wegen Hausfriedensbruch angezeigt. Auch besteht Sachsen auf Genehmigungen durch das Denkmalschutzamt (Nachforschungsgenehmigung), wenn Du Kulturdenkmäler aufspüren möchtest. **Das ist aber gleichzeitig eine Chance!** Suchst Du einen verlorenen Autoschlüssel, Geldbeutel oder Kleingeld am Badestrand, kann Dir daraus keiner einen Strick drehen. Die Erlaubnis des Grundstückseigentümers brauchst Du aber trotzdem!

Denn Sachsen ist Schatzsucherland!

Immer wieder werden dort in Böden oder Gebäuden Schätze aus allen Epochen gefunden – im Schloss Kriebsstein eingemauert im Kamin, bei Leipzig im Braunkohleabbaugebiet oder bei Bautzen im Wald.

SEHENSWERT

Wenn Du das **Prunkstück des wiedergefundenen Wettiner Schatzes** besichtigen möchtest, musst Du nach München reisen. Seit seiner Versteigerung steht der berühmte »Mohrenkopf-Pokal« im Bayerischen Nationalmuseum. Möchtest Du einen Eindruck vom ehemaligen Reichtum der Wettiner erhalten, dann auf nach Dresden. Im weltberühmten grünen Gewölbe glänzt der prunkvolle Juwelenschatz der Wettiner mit vielen Highlights.

SCHATZJÄGER GESUCHT #10

Das verschollene Bernsteinzimmer

Ort:
Deutschland

Typus:
Neuzeit

Belegbarkeit:
sehr gut

Art des Versteckes:
geplant

Fundwahrscheinlichkeit:
mittel

↑
Rekonstruktion des Bernsteinzimmers in Zarskoje Selo, dem Sommerpalast der Zarenfamilie.

←
Bernstein, das Gold der Ostsee.

Eine der bekanntesten Schatzgeschichten in Deutschland rankt sich um das Bernsteinzimmer – einen Raum, **komplett gefertigt aus dem Gold der Ostsee, dem Bernstein.** Decken- und Wandtäfelungen, Leuchter, Kommoden, Simse, Podeste, Möbel, alles hergestellt aus dem urzeitlichen Harz oder kunstvoll mit Bernstein verziert.

Ein unschätzbarer Wert, denn damals glaubte man, Bernstein sei ein Edelstein wie Diamanten oder Smaragde und in bearbeiteter Form ein Highlight für jeden Kunstliebhaber. Die schimmernde Schönheit der glitzernden Paneele, Spiegel, Blattgold und Edelsteinmosaiken galt als eines der größten architektonischen Wunder seiner Zeit. Außer für König Friedrich Wilhelm den Ersten, bekannt als der Soldatenkönig.

Der damalige preußische König war kein Kunstfreund.

Äußerst pragmatisch veranlagt, interessierte er sich nicht für das Zimmer und tauschte das Bernsteinzimmer bei der ersten Gelegenheit gegen 248 »lange Kerls« von Zar Peter dem Ersten. Die hochgewachsenen Soldaten aus Russland mit einem Körpermaß von über 1,90 Meter – zu jener Zeit fast Riesen – sollten den Stolz seiner Armee, die Potsdamer Leibgarde, aufwerten.

Somit kam das Zimmer nach Russland und wurde von Zarin Elisabeth der Ersten in den Sommerpalast von Zarskoje Selo eingebaut. Dort entzückte es Bewohner und Gäste, obwohl sich seine Erhaltung noch als außergewöhnlich teuer erweisen sollte.

Extreme Trockenheit setzte dem Bernsteinzimmer zu.

Jahrhunderte vergingen. Der zweite Weltkrieg brach aus. Während des »Unternehmens Barbarossa«, dem Überfall der Wehrmacht auf Russland, eroberte 1941 die deutsche Armee den Sommerpalast, baute das Kunstwerk ab und stellte es **im Königsberger Schloss als Beutekunst** aus. Als der Krieg sich nach Stalingrad zuungunsten des das Dritten Reiches wendete, führte die Angst vor den zunehmenden Bombenangriffen der Alliierten dazu, dass das Zimmer 1944 in Kisten verpackt und im Keller des Schlosses eingelagert wurde. Keine besonders gute Idee, denn im August 1944 wurde Königsberg und das Schloss durch allierte Bomberflotten in Schutt und Asche gelegt.

Das Bernsteinzimmer war spurlos verschwunden.

Nun, vielleicht nicht ganz spurlos. Immerhin eine Wandtafel und eine Kommode tauchten nach dem Krieg wieder auf. Dies heizte die Spekulationen über die rechtzeitige Auslagerung des Zimmers an und führte zu verschiedenen Theorien über den Verbleib des Kunstwerkes.

Fünf Theorien wetteifern um den Verbleib des Bernsteinzimmers.

1. Die Koch-Theorie: Gauleiter Koch soll die Kisten in der Nähe seines Ferienhauses in der Kurischen Nehrung bei Juodkrante im heutigen Litauen versteckt haben.

2. Die Feuersturm-Theorie: Die Kisten sind in Königsberg verbrannt, wie verkohlte Reste von Scharnieren den Leiter der sowjetischen Kunstexpertenkommission, Dr. Aleksander Jakowlewitsch Brjussow, überzeugten. Später widerrief er jedoch diese Theorie.

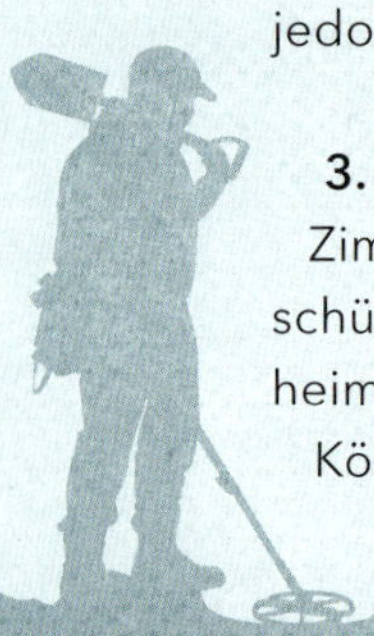

3. Die Schloss-Theorie: Das Zimmer liegt noch immer in verschütteten Kellern oder einer Geheimkammer unter dem Schloss Königsberg.

4. Die Verbringungstheorie: Das Zimmer wurde vor den Bombenangriffen durch die Nazis abtransportiert. Als mögliche Ziele werden von verschiedensten Schatzsuchern und Hobbyhistorikern unter anderem genannt:

- Katakomben in Weimar,
- der Poppenwald im Erzgebirge,
- Deutschneudorf im Erzgebirge,
- ein Tunnel in Wuppertal.

5. Die »Gurlitt«-Theorie: Ein Unbekannter hat sich das Zimmer in den Kriegswirren unter den Nagel gerissen oder nach dem Krieg illegal erworben. Da er gezwungen wäre, die Kostbarkeit an den ehemaligen Eigentümer, die Sowjetunion, ersatzlos zurückzugeben, hielt er den Besitz geheim, und erfreut er sich lieber selbst am in die eigenen vier Wände eingebauten Bernsteinzimmer.

←
Ist das Bernsteinzimmer im idyllischen Deutschneudorf versteckt?

→
Pompöse Bauwerke des Dritten Reichs in Masuren.

Die Stasi nahm die die Gerüchte über einen **Verbleib in einem Versteck in der ehemaligen DDR** sehr ernst. Stasi-Oberstleutnant Paul Enke durchforstete aufgrund vorliegender Informationen über 150 mögliche Verstecke. Ohne Ergebnis.

Suche gemeinsam mit anderen

Leider gestaltet sich die Suche nach professionell versteckten Schätzen meist kosten- und ressourcenintensiv. Alleine eine einzige Bohrung in Mamerki hat über 10.000 Euro gekostet und acht Mann beschäftigt. Das ist dann keine Suche für einen brillanten schatzsuchenden Einzelgänger, sondern für eine **spezialisierte Gruppe,** in der eine strikte Aufgabenteilung herrscht und ausreichend Finanzmittel vorhanden sind. In einigen Foren des Internets wie Schatzsucher.de, Detektorforum.de, usw. existieren umfangreiche Threads und Unterforen, welche sich mit dem Thema beschäftigen und Hinweise und Kontaktstrecken zu Suchgruppen enthalten. Hier ist es auch möglich, eine Gruppe zusammenzustellen und gemeinsam an die Arbeit zu gehen.

Eine andere Möglichkeit wäre der **Einstieg in eine bestehende Suchgruppe vor Ort.** In Deutschneudorf könntest Du bei Bürgermeister Haustein anfragen. Unter **mamerki.com** findest du den Kontakt zum Museum der Bunkeranlage des Oberkommandos des Heeres in Masuren.

SEHENSWERT

Der **Nachbau des Bernsteinzimmers im Katharinenpalast in Sarskoje Zelo.** Dank einer kräftigen Finanzspritze des Siemens Konzerns ist das Bernsteinzimmer in seiner originalen Pracht wiedererstanden. Seit 2010 ist das »achte Weltwunder« an seinem ehemaligen Standort im Sommerpalast der Zaren zu besichtigen.

Die bekannteste deutsche Schatzsage: Der Nibelungenschatz

Ort:
nahe Lochheim, Rheinhessen

Typus:
historische Sage

Belegbarkeit:
gut

Art des Versteckes:
ungeplant

Fundwahrscheinlichkeit:
gering

↑ Altvater Rhein bei Burg Katz.

→ Klassische Heldenoper: der Ring der Nibelungen.

»Uns ist in alten Maeren Wunders viel geseit, von Helden lobebären ...« Schüler in ganz Deutschland kennen diesen Text, den Beginn des Nibelungenliedes. Die Dichtung war beliebt bei Deutschlehrern als Beispiel für die mittelhochdeutsche Sprache. Und berichtet über einen sagenhaften Schatzhort: **Dem Nibelungenschatz.** Erzählt wird die blutige Geschichte der Nibelungen, einer Herrscherfamilie aus Burgund. Jedoch nicht als Fiktion, sondern vor einem realen geschichtlichen Hintergrund. Historisch verbürgt ist die Existenz der Burgunder. Sie erschienen Im Jahre 407 auf der linksrheinischen Seite und wurden 436 durch den weströmischen Heerführer Aetius mit seinen hunnischen Hilfstruppen, besiegt.

Die Familie Nibelung hatte einen **riesigen Schatz, das »Rheingold«,** angehäuft. Das Gold stammte aus den Goldwäschereien am Rhein. Bei »Loche« soll der Nibelungenhort von Hagen von Tronje auf der Flucht **in den Rhein versenkt** worden sein, so der alte Text. Das Nibelungenlied beschreibt nicht etwa eine kleine Goldkiste, sondern einen **Schatz von gewaltigem Umfang:** Zwölf Leiterwagen fuhren vier Tage lang dreimal hin und her, um all das Gold fortzuschaffen.

Wer den sagenumwobenen Nibelungenschatz findet, hat ausgesorgt.

Mögliche Fundorte

Vermutet wird der Schatz, aufgrund der Namensgleichheit um das **linksrheinische Lochheim** herum. Lochheim liegt ungefähr 20 Kilometer flussabwärts von Worms entfernt am Rhein. Aber der Strom war damals deutlich weiter verzweigt. Schiffbare Nebenarme mäanderten in der Rheinebene. Passend dazu wurden mehrere verlandete Flusshäfen im Gebiet von Archäologen entdeckt.

Doch obwohl Taucher den Flussabschnitt wiederholt mit Echolot und Radar abgesucht haben, **fehlt von dem sagenhaften Nibelungenhort bisher jede Spur.**

Deshalb glauben andere Forscher, dass der Schatz nie im Rhein versenkt wurde. Sie vermuten ihn zum Beispiel in einer Höhle bei Soest oder in einem Acker in der Nähe des Dörfchens Rheinbach. In einigen Foren werden intensiv weitere mögliche Fundorte diskutiert. Es besteht sogar das Angebot, sich an Suchvorhaben nach dem Nibelungengold finanziell zu beteiligen.

SEHENSWERT

Bayreuther Festspiele: Die deutscheste aller deutschen Heldensagen mit Drachen, Zwergen, aufrechten Helden, verräterischen Schurken, schönen, starken Frauen und schwachen Königen wurde von Richard Wagner zu einer monumentalen vierteiligen Oper, dem »Ring der Nibelungen«, vollendet vertont. Wer sich das Werk anhören möchte, sollte viel Zeit mitbringen. Die Aufführungszeit beträgt sechzehn Stunden. Und auch das nötige Kleingeld: Die Ticketpreise für den Ring bei den Wagner-Festspielen in Bayreuth als sechstägigem Opernmarathon beginnen bei 5500 Euro.

SCHATZJÄGER GESUCHT #12

Die Millionen des Rosenheim-Betrügers

→
Als Wanderer getarnt mit dem Rucksack voller Geld.

Millionen Euros im Wald vergraben.
↓

Ort:
bei Ebbs, Tirol

Typus:
neuzeitlich

Belegbarkeit:
sehr gut

Art des Versteckes:
geplant

Fundwahrscheinlichkeit:
groß

Der Eichelwanger Wald bei Ebbs an der Grenze zu Österreich ist ein **Wäldchen im Schatten des Zahmen Kaisers.** Unscheinbar zur Holzgewinnung genutzt, stand das Waldgebiet 2006 plötzlich im Fokus von Journalisten und Schatzsuchern. Doch nicht historische Schätze lockten, sondern die angeblich darin schlummernden Millionen der DAB-Bank und anderer Finanzanleger, welche sich **Augustin G.** unter den Nagel gerissen hatte. Der Anlageberater drehte 2002 den Coup seines Lebens. Allein die DAB-Bank erleichterte er um 1,6 Millionen Euro. Von seinen Mandanten veruntreute er weitere Summen. Genau zu beziffern sind diese nicht, da wohl auch Schwarzgelder durch G. verwaltet wurden, aber durch die Eigentümer nicht angezeigt wurden.

Mindestens, so schätzt man, sind 1,6 Millionen vergraben. Dem Finder winken 40 Prozent Finderlohn.

G. fliegt nach seiner Veruntreuung rasch auf, weil er sich nach dem Coup nicht ins Ausland absetzt, sondern unglaublicherweise erst mal entspannt in den Skiurlaub fährt. Schnell kommt man ihm auf die Schliche und schon 2002 wird er festgenommen. G. kassiert sechs Jahre Haft wegen Betrugs sowie Untreue. Schon damals ist der Richter davon überzeugt, dass G. »die fehlenden 1,6 Millionen Euro irgendwo verborgen« hat. G. wird nach seiner Freilassung 2009 beobachtet wie er bei Ebbs im Wald verschwindet. Kurz darauf übergibt er einem der Geschädigten 100.000 angegammelte Euros. Vermodert und nach Erde riechend. **Offensichtlich war das Geld vergraben gewesen**.

Such nach Erdverstecken

Der Rosenheim-Betrüger hatte, wie im Verfahren bekannt wurde, kurz nach der Veruntreuung einige Stahlkassetten erworben. 2002 wurde, vergraben an einer Friedhofsmauer nahe Innsbruck, eine Stahlkassette mit 120.500 Euro gefunden hatte – zusammen mit Papieren des Verurteilten.

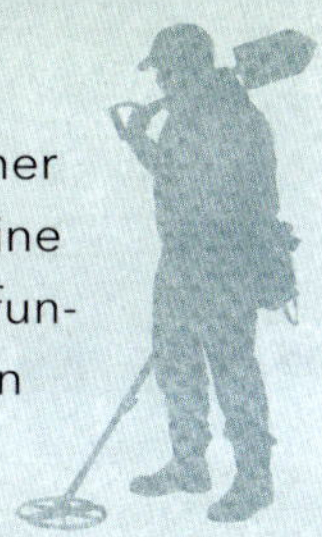

Seine ergaunerten Millionen ließ er sich auf eine Bank in Reutte in Österreich überwiesen. Dort holte G. das Geld in bar ab. Zählt man zwei und zwei zusammen, Barabhebung, schimmliges Geld, Stahlkassette und berücksichtigt dabei, dass er ein Faible für grenznahe Wohnsitze hatte, darunter nach seiner Entlassung ein Wohnsitz in Grainau, zwanzig Kilometer entfernt von Reutte, deutet alles auf mehrere Erdverstecke hin. Wo aber suchen? Nimmt man das Versteck in Ebbs und bei Innsbruck als Musterversteck, scheint die schnelle Zugriffsmöglichkeit ein zentrales Kriterium bei der Auswahl des Versteckes zu sein. **Verkehrsgünstig und schnell zu bergen.** Das passt wie die Faust auf's Auge. Er rechnete jeden Moment mit dem Zugriff der Behörden und auch mit Hausdurchsuchungen.

Also legte er **mehrere Erdverstecke grenznah** an, um bei Gefahr sofort mit dem Geld untertauchen zu können.

SEHENSWERT

Die Suche nach den Verstecken führt Dich in die schönsten Regionen der **Bayerischen Alpen.** Da liegt es nahe, auch die herrlichen Berge zu besuchen. Ebbs liegt in der Nähe des wildromantischen Kaisergebirges, das Bergdorf Grainau am Fuss des höchsten Berges Deutschlands, der Zugspitze. Die Bergbahnen vor Ort hieven Dich schnell zu den ausgedehnten Wandergebieten mit herrlichen Panoramablicken, eine willkommene Abwechslung zu Deiner Waldsuche in den Tälern.

Störtebekers Piratenschatz

Ort:
Deutschland

Typus:
historische Sage

Belegbarkeit:
gut

Art des Versteckes:
geplant

Fundwahrscheinlichkeit:
groß

↑ Historische Ansicht der Marienkirche in Marienhave.

← Störtebeker-Denkmal in Hamburg.

Um das Leben und Sterben Klaus Störtebekers Leben ranken sich heute mehr Legenden als durch Fakten belegbar sind. Damit handelt es sich um eine ideale Sage für Schatzsucher wie Dich. **Denn jede Sage hat einen wahren Kern.** Hoffentlich ist es bei Störtebeker die Mär des Schatzes, den Störtebeker versteckt haben soll, und nicht die Sage, dass er, als er 1401 in Hamburg hingerichtet wurde, ohne Kopf noch an elf seiner 72 Gefährten, den »Likedeelern« (Gleichteilern) vorbeilief. Er hatte zuvor ausgehandelt, dass alle Männer vom Scharfrichter verschont werden sollten, an denen er nach seiner Enthauptung noch vorbeizugehen vermochte. Falls dies stimmt, wurde er betrogen, sie wurden trotzdem enthauptet.

Historiker haben versucht, die Person Störtebeker zu belegen, sind jedoch bisher gescheitert.

»Stürz den Becher« – »Störtebeker« – seine Trinkfestigkeit bringt ihm den Namen ein. Getreu dem Motto »Gottes Freund – aller Welt Feind« verbreitet er mit dem Piratenschiff »Roter Teufel« im gesamten Norden Angst und Schrecken. Im Jahre 1400 dreht sich allerdings der Wind gegen ihn. Gönner, Freunde und Unterstützer kehren ihm den Rücken. Die Hanse, deren Schiffe er kapert, lässt ihn auf den Meeren mit einer Flotte jagen – deren Flaggschiff trägt den ungewöhnlichen Namen »Bunte Kuh von Flandern«. Eigentlich haben er und seine Männer keine Chance – eigentlich. In der Vergangenheit hat Störtebeker es aber immer wieder geschafft, seine Feinde gegeneinander auszuspielen und im entscheidenden Moment einen Trumpf aus dem Ärmel zu ziehen. Ein solcher Teufelskerl muss natürlich auch einen enormen Schatz erbeutet haben und tatsächlich: Nach seiner Festnahme bot er dem Hamburger Senat an, seine Freiheit für **eine goldene Kette** einzutauschen, die einmal um die ganze Stadtmauer hätte reichen sollen.

Steinmetzarbeit: Historische Kogge. →

Unerkundete Verstecke

Einen Teil des Störtebeker Schatzes hat ein Schiffsbauer – der Legende nach – beim Zerlegen der »Roter Teufel« in den Masten des Schiffes gefunden, vom Rest fehlt allerdings jede Spur.

Möglicherweise liegt der Schatz auf der **Ostseeinsel Rügen** versteckt, wo Störtebeker angeblich seine Operationsbasis gehabt haben soll. Gefunden wurde in den lichten Buchenwäldern oder versteckt zwischen den weißen Kreidefelsen der größten deutschen Insel allerdings noch nichts. Eine weiterere Vermutung über die Lage seines Schatzversteckes zielt auf die **Kirche St. Marien in Marienhave** im Brookmerland. Dort hatte er einige Jahre seinen Schlupfwinkel bei einem keltischen Stamm, dessen Häuptling schützend die Hand über ihn hielt.

SEHENSWERT

Im Turm der Marienkirche in Marienhave soll Störtebeker einen Raum bewohnt haben. Dort ist heute ein kleines Museum eingerichtet. Wer mehr über die Zeit Störtebekers und seinen größeren Widersacher, die Hanse, erfahren möchte, ist im **Hansemuseum in Lübeck** gut aufgehoben. Die Geschichte der Hanse als wehrhafte Handelsgemeinschaft der Küstenstädte ist hier ausführlich dargestellt.

Die Millionenbeute der Brüder Sass

→ Die grüne Minna in Berlin.

Straßenszene aus den 20er Jahren. ↓

Ort:
Grunewald, Berlin

Typus:
Neuzeit

Belegbarkeit:
sehr gut

Art des Versteckes:
geplant

Fundwahrscheinlichkeit:
groß

Im März 1940 wurden sie auf Befehl Adolf Hitlers als Kriminelle erschossen. **Die Brüder Sass.** Jahrelang führten sie die Ermittlungsbehörden an der Nase herum und wurden Superstars ihrer Zeit. Als deutsche Robin Hoods raubten sie die Reichen aus und wurden dafür von der Bevölkerung gefeiert. Die Presse nannte sie »Meisterdiebe« und »Gentleman-Ganoven«.

Franz und Erich Sass haben in den zwanziger Jahren beim Einbruch in eine Berliner Bank Millionen geraubt – ihre Beute wurde nie gefunden.

Die Geschichte handelt vom **Millionenraub in der Disconto-Gesellschaft,** einer Bank am Berliner Wittenbergplatz.

Die Brüder Sass blicken bereits auf eine erfolgreiche kriminelle Karriere zurück. Franz und sein eineinhalb Jahre jüngerer Bruder Erich gehen bei allen Einbrüchen mit äußerster Präzision und Raffinesse vor. Sie stemmten oder sprengten nicht einfach gewaltsam Tresortüren auf. Franz und Erich Sass setzten auf modernste Technik, **als erste Bankeinbrecher benutzten sie Schneidbrenner** und schweißten die Tresore auf. Doch Fabich verdächtigte die beiden. Er ließ die beiden inhaftieren, konnte ihnen aber nichts nachweisen.

Berlin liebte die beiden kriminellen Brüder

Max Fabich musste sie laufen lassen. Wieder in Freiheit, luden Franz und Erich Sass frech zur Pressekonferenz in das Luxusrestaurant Lutter & Wegener. Der Disconto-Bruch ist aber auch zu spektakulär. Und eine große Schmach für Bank und Polizei. 179 der insgesamt 181 Schließfächer im Tresorraum waren geöffnet worden, ihr Inhalt verschwunden. Was die Reichen angesammelt hatten, im angeblich bestgesicherten Tresorraum der Stadt, an Bargeld und Schmuck, an Goldbarren und Wertpapieren – es war einfach weg. Der gemeldete Schaden liegt bei eineinhalb Millionen Reichsmark, heute ca. 20 Mio. Euro. Und die Brüder versteckten damals die Beute so gut, dass sie bis heute nicht gefunden wurde.

Such im Grunewald!

Das Stammlokal der kriminellen Brüder war die Gaststätte Schildhorn am Grunewald. Aber auch Max Fabich, der Polizeibeamte, der den Brüdern auf den Fersen war, verkehrte dort. Zu seiner grenzenlosen Überraschung sah er eines Tages, wie die Brüder an einer bestimmten Stelle in der Nähe der Gaststätte aus dem Grunewald kamen. Die Brüder trugen Schaufeln und waren verdreckt. Bis zu seinem Tod war der Ermittler überzeugt, dass der verschwundene Schatz im Grunewald versteckt worden sei.

SEHENSWERT

Leckere Recherche gefällig? Setz dich gemütlich auf die Terrasse des **»Schildhorn«** zu einem Havelländer Fischtopf und sinniere darüber nach, wo denn die Brüder aus dem Grunewald getreten sein könnten, wie Max Fabich berichtet. Vielleicht kannst Du ja gesättigt die Spur vor Ort aufnehmen?

Maximilians verlorenes Silber

Ort:
zwischen Wasserburg und Mühldorf, Bayern

Typus:
Mittelalter

Belegbarkeit:
gut

Art des Versteckes:
ungeplant

Fundwahrscheinlichkeit:
groß

← Kurfürst Maximilian II Emanuel von Bayern als Feldherr.

Begleite mich nun zum ersten Weltkrieg in der Geschichte. Zum allerersten, in dem sich auf verschiedenen Kontinenten Truppen verfeindeter Mächte gegenüberstehen. Sicherlich denkst Du jetzt an den Weltenbrand von 1914–1918, die »Fleischmühle« in Mitteleuropa. Aber nein, einen Krieg, der die Bezeichnung Weltkrieg verdient, gab es schon lange vor dem 20. Jahrhundert, den **spanischen Erbfolgekrieg** 1701 bis 1714.

Leprakrank und kinderlos: Karl der II. von Spanien

In Spanien regierte der leprakranke und kinderlose Karl II. bis zu seinem Tod im Jahre 1700. Spanien war Dank seiner Kolonien damals Supermacht und wer Karl beerben würde, konnte sich als Herrscher über das größte Imperium auf der Weltkugel betrachten. Zwei Könige waren aufgrund der verzwickten Verwandtschaftsverhältnisse des Hochadels die aussichtsreichsten Kandidaten: Philipp der V., ein Enkel von Ludwig dem XIV. von Frankreich und Leopold I. von Österreich. Philip war eigentlich von Karl als Erbe eingesetzt, aber jeder der beiden Interessenten wünschte sich nichts sehnlicher als den spanischen Thron unangefochten zu besteigen. Einen Thron zu beerben, war im Laufe der Geschichte am erfolgreichsten, wenn der Konkurrent ausgeschaltet wird. Durch Heirat, Meuchelmord oder einen Waffengang. Die beiden Thronanwärter entschieden sich für den Waffengang. Leopold scharte die Feinde Frankreichs, Englands und der Niederlande um sich, Phillip gewann Kurköln und Savoyen als Verbündete. Und das Kurfürstentum Bayern mit seinem **Kurfürst Maximilian II. Emanuel.**

Dieser hoffte, obwohl er sogar mit einer Österreicherin verheiratet war, als Vasall der Franzosen einen Königstitel ergattern zu können. Deutlich zu kurz gedacht, denn Bayern grenzte ja direkt an Österreich-Ungarn an. Kulturell ein Bewunderer des französischen Lebensstils, aber politisch unbedarft, hatte sich Maximilian mit den tausend Kilometer entfernten Franzosen verbündet, um die direkt vor seiner Haustür lebende Großmacht Österreich-Ungarn zu unterwerfen. Das ging natürlich gründlich schief und die Österreicher marschierten in Bayern ein. **Bayern wurde durch marodierende österreichische Truppen gebrandschatzt und verwüstet.** 1705, während der Sendlinger Mordweihnacht, schlachteten die Österreicher tausend wehrlose Bauern ab. Der wenig heldenhafte Kurfürst ließ seine Untertanen im Stich und gab Fersengeld, nicht jedoch ohne vorher seinen Hausschatz ein zu packen. **Insbesondere das kurfürstliche Silber. Tafelgeschirr und Silberware**n wollte der Regent für den Lebensunterhalt im Exil nicht missen und so zogen etliche Ochsenkarren, beladen

→ **Hochwertiges Tafelsilber aus dem Mittelalter.**

mit den kurfürstlichen Schätzen, gegen Wasserburg, um dort im Hafen auf Flussschiffe, sogenannte Plätten, umgeladen zu werden. Über den Inn sollte es zur Donau gehen. Maximilian selbst und der Großteil des Schatzes schafften es letztendlich bis Brüssel, aber eine der schwerfälligen Plätten **kollidierte bei Mühldorf mit einem Pfeiler der dortigen Innbrücke,** zerschellte, und ein Teil des Silbers verschwand auf Nimmerwiedersehen in den Strudeln des Flusses. An eine sofortige Bergungsaktion war nicht zu denken, die feindlichen Österreicher waren im Anmarsch, und **so blieb der Schatz vor Ort im Fluss liegen.**

Experten schätzen den Wert des Kurfürsten-Silbers auf über 200 Kilogramm, der Wert soll bei zwei Millionen Euro liegen.

Von Anglern an den Ufern des Inns wurden einige **Zufallsfunde** gemacht wie Löffel und Silberteller. Auch Reinhold Ostler, einer der bekanntesten Schatzsucher Deutschlands versuchte bei einer Tauchaktion sein Glück. Er stieß zwar nicht auf Maximilians Silber, aber einer der Taucher barg etwas ungleich Wertvolleres aus dem Inn. Ein perfekt erhaltenes keltisches Opferschwert.

DIE KELTEN UND IHRE GÖTTER

Für die Kelten waren ihre Götter ein Teil der umgebenden Natur. Und ihre Welt war voller Götter, Quellengötter, Waldgötter, Flussgötter, Kriegsgötter, Muttergottheiten, Todesgötter, Schmiedegötter, Tiergottheiten und vieles mehr. Da die Götter der Bestechung durch Geschenke nicht abgeneigt waren, versuchte man mit **Opfergaben** Huld und Schutz zu erreichen. Dies galt auch für Flussgötter. So wurden Opfergaben wie Schwerter und Münzen bei Flussdurchquerungen den Göttern als Geschenk dargebracht.

Schau in den Bayernatlas

Eine Herausforderung für Dich als Schatzjäger, die es in sich hat. Denn zwar ist bekannt, **dass der Schatz bei Mühldorf verlorenging**, jedoch nicht der genaue Ort der Brücke, an der die Plätte zerschellte. Das Wissen über diesen Standort ist ebenso wie die Brücke verloren gegangen. Da könnte etwas Kartenstudium helfen. Im **Bayernatlas** findest Du unter der Rubrik historische Karten auch die Gegend um Mühldorf auf einer Karte von 1860.

Siehst Du Dir eine der historischen Karten zwischen Wasserburg und Mühldorf an, wirst Du auf vier interessante Stellen stoßen. Dort lagen Inseln im Fluss. Diese wurden früher gerne für einen **Brückenschlag** benutzt, da dadurch Zwischenstützen im Brückenbau eingespart werden konnten. Direkt bei Mühldorf, bei Sankt Erasmus, Wörth und Ebing wären also Brückenschläge über Inseln denkbar gewesen. Ist die Plätte an einer dieser Brücken gescheitert, ist dort

↑ Strömungstauchen erfordert Erfahrung.

← Mittelalterliche Zollbrücke.

das Silber auf den Flussboden gesunken. **Schwere Silberstücke wie Barren wären noch direkt vor Ort vorhanden.** Leichtere und flächige Gegenstände wie Teller, Besteck oder Krüge wären durch die Fluten mitgeschwemmt worden. Das erklärt auch die **Einzelfunde entlang des Flusslaufes.** Findest Du also den Standort der Brücke, kannst Du mit einiger Sicherheit auf einen Silberhort ein Stückchen flussabwärts hoffen, und dann der Silberspur der mitgerissenen Silberstücke folgen.

Flusstauchen

Fusstauchen und Flusssuchen sind anspruchsvoll. Meist ist die Sicht durch Schwebstoffe stark eingeschränkt und Sediment bedeckt den Boden. Dazu gesellt sich jede Menge Müll. Gerade an Ortschaften wurde der Fluss zur Entsorgung genutzt, von den Brücken wurde der Müll hinabgekippt. Außerdem reißt Dich die **Strömung** mit fort und Du hast im oft trüben Wasser keine Ahnung, wo Du bist. Wir nutzen für Flusssuchen ein festes Kletterseil und ein weiteres Seil, welche an den Ufern verankert werden, sodass es quer über den Fluss gespannt ist. Daran befestigen wir ein **Schlauchboot mit einem Helfer und zwei Seile mit Karabiner.** Eines ist das Positionsseil des Tauchers, das andere ein Bergeseil mit einer Netztasche für Funde. Am Karabinerhaken wird der Taucher angeklinkt und kann so zwischen dem Ufer und dem Boot pendeln. Idealerweise führen zwei Dammwege am Fluss entlang, dann kannst Du **zwei Autos als Verankerung für das Querseil** verwenden. Damit kannst Du Stück für Stück weiterfahren und der Taucher kann den Flussgrund weiter untersuchen. Nutzt Du einen Baum als Seilanker, müssen der Taucher und das Boot bei einer Verlagerung des Suchgebietes flussabwärts das Wasser verlassen, sodass das Seil umgelegt werden kann.

SEHENSWERT

Dein erster Anlaufpunkt vor Ort sollte das **Geschichtszentrum in Mühldorf** sein. Berichte, Fundstücke und alte Karten liefern Hinweise auf die möglichen Standorte der Innbrücken in alter Zeit.

SCHATZJÄGER GESUCHT #16

Das Silber am Zanklberg

Ort:
bei Landau an der Isar, Bayern

Typus:
historische Sage

Belegbarkeit:
gering

Art des Versteckes:
ungeplant

Fundwahrscheinlichkeit:
mittel

Schätze auf Burgruinen sind nicht selten.

Auf dem **Gipfelplateau des Zanklbergs bei Landau an der Isar** stand einst eine Burganlage. Heute sieht man nur noch ein paar Grundmauern und den zugewucherten Burggraben. Die exponierte Lage der Wehrburg auf dem Gipfelplateau erlaubte es, das umliegende Gebiet zu überwachen. Schon die Kelten verehrten ihre Götter gerne von höherliegenden Orten aus, deshalb war der Zanklberg schon bei den Kelten eine heilige Stätte.

Es existiert eine interessante Schatzgeschichte über den Zanklberg. Angeblich hat ein Bauer im frühen Mittelalter eine Kiste ausgepflügt, die kurz darauf wieder von der Erde verschluckt wurde. Was sich wie ein klassisches Märchen anhört, könnte durchaus einen wahren Kern haben, bringt man die Geschichte der in der Erde verschwundenen Kiste mit der Existenz der ehemaligen Burganlage in Verbindung. Unter historischen Burgen befand sich oftmals ein **weiträumiges Kellersystem**. Wird die Burg aufgegeben oder geschleift, verfallen Gänge und Kellerräume mit der Zeit und darin versteckte Gegenstände wandern durch die Erde langsam nach oben.

Sagen kreisen um einen wahren Kern.

Was sich fast mystisch anhört, hat durchaus weltliche Ursachen. Das geschieht physikalisch mit Hilfe von Wasserdruck und Eisbildung. Wasser fließt unter einen Gegenstand und gefriert. Das gefrorene Wasser dehnt sich aus und drückt den Gegenstand Richtung Erdoberfläche. Das gilt auch für im Boden begrabenene Gegenstände wie Münzen, Schmuck und Kisten. Es erklärt das Auftauchen der Kiste, wie aber könnte sie wieder verschwunden sein, wie in der Schatzgeschichte ausgeführt? Nun das geschieht durch die alten Kellerräume. Diese verstürzen mit der Zeit und durch die vorhandenen Balken, Stützpfeiler und Ausbauten bilden sich Hohlräume. Verrotten die Holzteile über die Jahre fallen diese Hohlräume zusammen. Ein solcher Einsturz könnte die Kiste wieder verschlungen und damit die Grundlage für die Sage gelegt haben. **Dass in den Kellern alter Gebäude etwas Wertvolles versteckt wurde, überrascht nicht.** Es gab bis in das ausgehende Mittelalter keine Banken, die die Einlagerung von Werten angeboten hätten, also war ein Burgherr gezwungen, Preziosen in seiner Burg zu verstecken.

Geh' systematisch vor

Check mit Deinem Allround-Detektor die Oberfläche des Zanklberges. Tauchen Leitfunde wie Münzen, Metallgegenstände oder Werkzeuge auf, könnten diese aus verfallenen Kellergewölben stammen. Nutze dann einen Hohlraumdetektor, um nach Hohlräumen zu sondieren und verorte diese auf einer Karte. **Überprüfe, bevor Du nun die Schaufel schwingst, inwieweit ein Anbohren des Hohlraumes möglich ist.** Für Akkubohrer gibt es Bohrer bis zwei Meter Länge. Dann schieb einige Leuchtstäbe, wie sie z. B. von Fischern benutzt werden, durch das Bohrloch und schick eine Endoskopkamera hinterher. Die verrät Dir, was sich im Hohlraum befindet.

SEHENSWERT

Museen in Landau: Schlechtes Wetter ist für Schatzjäger immer ein Grund zum Museumsbesuch. Und interessante Museen bietet Landau genug. Das Heimatmuseum, der Kastenhof Landau – Das Museum für Steinzeit und Gegenwart sowie die Archäologische Staatssammlung und danach, Du bist im Bierland Bayern, in einer Gaststätte ein Weißbier, von einer der typischen Regionalbrauereien mit traditioneller Brauweise.

SCHATZJÄGER GESUCHT #10

Liegt Kaiser Hadrian in Eining begraben?

Ort:
bei Eining, Niederbayern

Typus:
Sage der Frühzeit

Belegbarkeit:
gering

Art des Versteckes:
geplant

Fundwahrscheinlichkeit:
gering

Gerne ließen sich die Römer an Flüssen nieder, denn **Flüsse waren die Transportwege der Frühzeit.** Viel bequemer ist die Reise auf einem Flussschiff, elegant von der Kraft des Stromes dem Ziel entgegen getragen zu werden ohne Schlaglöcher, Schlammgruben und Bedrohungen durch Räuber und wilde Tiere. An einem Flusslauf lag auch Abusina, das heutige Eining, ein beschaulicher Marktflecken an der Donau.

Starb der römische Kaiser Hadrian am Limes?

In Abusina richteten die Römer ein großes Kastell direkt am »Nassen Limes« ein. Dort ist die Sage überliefert, Kaiser Hadrian sei bei einem Truppenbesuch gestorben und in der Nähe des Kastells in einem Eichenwald begraben worden. Und erneut gilt es, einen möglicherweise wahren Kern in der Sage herauszuarbeiten. Eine erste Nachforschung enttäuscht. Hadrian inspizierte zwar den Limes, starb aber nachweislich in Bajae am Golf von Neapel am 10. Juli 138 n. Chr. **Woher dann die Geschichte des Grabes in Abusina, dem heutigen Eining?**

Reduziert man die Aussage auf den Kern und lässt Kaiser Hadrian weg, scheint sich ein prunkvolles Begräbnis in Abusina ereignet zu haben. Möglicherweise fiel das Begräbnis zeitlich sogar mit einer Inspektion des Limes durch den Kaiser zusammen. Hadrian war nachweislich mehrmals am Limes. Er konnte zwar nicht derjenige sein, der der Erde übergeben wurde, vielleicht jedoch ein hoher Gefolgsmann oder Offizier des Kaisers? **Das Gepränge und der Luxus solch eines Begräbnisses wäre den keltischen Bewohnern eines Kaisers würdig erschienen.** Im Laufe der Zeit könnte sich die Tatsache von Hadrians Anwesenheit und einem luxuriösen Begräbnis in Abusina verschmolzen haben zu einer Beisetzung Hadrians.

Onomastik hilft bei der Suche

Ideal wäre es, den erwähnten **alten Eichenwald** ausfindig zu machen. Dieser wird jedoch heute nicht mehr vorhanden sein, aber alte Karten könnten noch Hinweise darauf enthalten. Auch ein wenig Onomastik, also Namensforschung könnte nützlich sein. Namen wie Im **Eich, Eicher Strasse, Eichberg, usw.** weisen auf einen früheren Eichenbestand hin.

Römische Grabstätten wurden aus hygienischen Gründen außerhalb der Siedlungen entlang der Straßen angelegt. Das vereinfachte auch den Besuch und das Gedenken an die Verstorbenen. **Hinweise auf die Straßenverbindungen gibt die Lage des Kastells.** Diese hatten meist eine Straßenführung in jede Himmelsrichtung.

Liegt an einer dieser Straßen noch ein Eichenwald, wird die Spur heiß und ein Oberflächencheck mit einem Detektor sollte mindestens ein paar römische Kleinmünzen, Kleinplastiken, eine Fibel oder sogar Bleibänder mit lateinischer Schrift ergeben. Wenn das passiert, bist Du nahe eines Begräbnisortes, es handelt sich um **Weihegeschenke** an die Verstorbenen.

SEHENSWERT

Das **Kastell Abusina** am südlichen Ortsrand von Eining liegt unmittelbar an der Straße nach Bad Gögging. Der Zugang zu den freigelegten Ruinen ist kostenlos und gibt einen Eindruck über den Aufbau eines römischen Grenzkastells für eine römische Kohorte am nassen Limes. Dort, wo zur Zeit der Römer die Donau ihr Flussbett hatte, fließt heute die Abens.

Die Kriegskasse der Österreicher

Heller mit österreichisch-ungarischem Doppeladler.

Friedrich der Schöne auf einem Gemälde im Frankfurter Rathaus.

Ort:
bei Gammelsdorf, Oberbayern

Typus:
Mittelalter

Belegbarkeit:
gering

Art des Versteckes:
geplant

Fundwahrscheinlichkeit:
mittel

Wer würde der nächste Kaiser sein? 1313 entschied sich die Kaiserfrage des deutschen Reiches. Die österreichischen Habsburger unter Friedrich dem Schönen und die Wittelsbacher unter Ludwig dem Bayern wählten den Waffengang, um hier Klarheit zu schaffen. Bei Gammelsdorf prallten die Heere aufeinander. Aus dem blutigen Gefecht gingen die Bayern als Sieger hervor und jagten die Österreicher vor sich her. Diese rannten so schnell, dass, wie es lakonisch heißt, »die Tapferkeitsmedaillen gescheppert hätten«.

Dabei ließen sie alles zurück, was die Flucht verlangsamt hätte, darunter, einige Kilometer entfernt bei Hebenstreit, **eine Kriegskasse auf einem Geldwagen.**

In gepanzerten Kutschen wurden Kriegskassen transportiert.

Kriegskassen waren rollende Tresore.

Kriegskassen dienten der Entlohnung der Landsknechte und zum Einkauf von Versorgungsgütern während eines Feldzugs und **waren meist gut gefüllt.** Der gepanzerte Karren in Hebenstreit verschwand samt der Kriegskasse sang- und klanglos. Entweder wurde die Kasse geplündert, oder aber, da der Tross ja etwas Zeit hatte, vor den heranrückenden Bayern versteckt, **ziemlich wahrscheinlich vergraben.**

Achte auf Hügel

Diese Schatzsuche ist jungfräuliches Gebiet. Weder das Schlachtfeld bei Gammelsdorf noch die Standorte des Geldwagens ist bis heute nachgewiesen. Geldwagen waren beim Tross stationiert und blieben weitab vom Gefecht in einer geschützten Stellung, bewacht durch eine Handvoll Soldaten. Ein Versteck wäre in diesem Fall innerhalb oder in der Nähe einer leicht zu verteidigenden Örtlichkeit, wie auf einen Hügel oder einer Geländekante angelegt worden.

Deshalb lohnt es für dich, nach einem **strategisch günstig gelegenen Hügel** zu suchen und diesen abzusuchen. Notverstecke sind nicht besonders tief angelegt, es fehlt die Zeit zu tiefgründigen Grabarbeiten. Auch waren Geldkisten fast immer aus Eisen oder mit Eisen beschlagen. Somit sollte ein normaler Allround-Detektor mit großer Suchspule für eine Suche ausreichend sein. Bei Deiner Suche solltest Du besonders auf **Hügelkuppen** achten, diese wurden oftmals einfach mit gefällten Bäumen zu einer provisorischen Verteidigungsstellung ausgebaut.

SEHENSWERT

Die Spur aufnehmen kannst Du auch in der **Gammelsdorfer Pfarrkirche.** Auf den Glasfenstern sind Schlachtszenen der Schlacht von Gammelsdorf dargestellt. Ob sich daraus auch der Ort eines Schatzversteckes bestimmen lassen, bleibt Deiner Phantasie überlassen.

Der Schatz bei Regen

Ort:
Nähe Stadt Regen, Bayern

Typus:
Mittelalter

Belegbarkeit:
gering

Art des Versteckes:
geplant

Fundwahrscheinlichkeit:
mittel

↑
Wohlhabende Städte wurden gerne geplündert.

Das **Bürgerholz** ist ein unscheinbares Waldgebiet in der Nähe der Stadt Regen. Regen war, wie alle größeren Städte im 17. Jahrhundert, ein Ziel der Schweden. Zu dieser Zeit wütete der Dreißigjährige Krieg. Unglaubliche Greuel wurden verübt, denn damals galt: »Der Krieg ernährt den Krieg«. In den Städten mit ihren wohlhabenden Bürgern, Kirchensprengeln oder sogar Bischofssitzen war leicht Beute zu machen. So zogen die plündernden Heerhaufen gerne gegen die unzureichend befestigten Städte.

Gegen Zahlung von klingelnden Talern gab es Pardon.

Bei Pardon- oder Kontributionszahlungen wurde die Stadt meist verschont. Rangen sich die Bürger nicht zu einer Zahlung durch, wurde hingebungsvoll geplündert und gebrandschatzt. So wie in der Stadt Regen. Dessen Bürger beschlossen, ihre wertvollen Güter zu verstecken. **Im Bürgerholz, einem Allmendwald in der Umgebung.**

Und da könnten sie noch heute liegen. Warum aber sollten die Bürger damals ihre Wertgegenstände nicht mehr abgeholt haben? Der Dreißigjährige Krieg tobte über die deutschen Lande von 1618 bis 1648. Katholiken und Protestanten kämpften auf deutschem Reichsgebiet erbittert um die Vorherrschaft. Kriegshandlungen und in deren Folge Hungersnöte und Seuchen dezimierten die Bevölkerung in einigen Gebieten um bis zu 70 Prozent. Mit dem Westfälischen Frieden fand der Krieg nach 30 Jahren sein Ende. Während dieser gesamten Zeit war es erwartbar, dass die Schweden immer wieder in Regen einfallen würden. Deshalb wäre es riskant gewesen, die Werte zu bergen. **Da wo sie lagen, waren sie ja sicher.** Darüberhinaus wurden bei den Schwedenangriffen viele Bürger getötet. Vielleicht auch diejenigen, die den Schatz versteckt haben?

Wertvolles Silber-Geschirr wurde ins Bürgerholz gebracht.

Ein weltumspannender Krieg der Religionen: Der Dreißigjährige Krieg

30 Jahre Krieg und mehrere blutige Plünderungen. Ein Szenario, das es wahrscheinlich macht, dass die Schätze noch in ihrem Versteck auf den glücklichen Finder warten.

Wie immer hilft ein Location-Check

Wenn ein Schatz schon vor längerer Zeit versteckt worden ist, macht es Sinn, die Augen nach einem Hinweis offenzuhalten. Wenn es sich dabei um einen markanten Baum handeln würde, hättest Du Pech, der ist bestimmt schon gefällt. Ist es aber ein Stein, dann kann darauf durchaus ein Hinweis eingraviert sein. Und tatsächlich gibt es im Bürgerholz einige **Findlingssteine.** In deren Umfeld sollte der erste Check mit dem Detektor stattfinden.

Notverstecke sind oftmals oberflächennah angelegt, sodass der Location-Check auch mit dem Allround Detektor stattfinden kann. Überleg Dir auch, nach welchem Materialienmix Du fahndest.

Mittelalterliche Schätze bestehen meist aus einem großen Silberanteil. Münzen, Schmuck, Silberstücke, Silberkreuze und Silbergeschirr.

Gold war damals aufgrund seines Wertes überwiegend im Adel und der hohen Geistlichkeit verbreitet, während Silber die Wertanlage des Bürgertums darstellte. Deshalb wird der Silberanteil im Hort überwiegen. **Silber als Leitwert** ist meist ein hoher Wert auf Deiner Leitwertskala. Achte deswegen auf hohe Leitwerke auf Deiner Detektoranzeige.

Nachdem das Bürgerholz als Wald erhalten geblieben ist, **könnte der Schatz noch in seiner originalen Lage auffindbar**

↑ Brandschatzung war im Krieg üblich.

sein. Auf Äckern wird ein oberflächennaher Hort durch den Pflug meist über ein großes Gebiet verstreut, im Wald bleibt der Hort erhalten.

Achte auch auf eine gute Dokumentation

Es handelt sich wahrscheinlich um einen wertvollen Schatz von hohem historischem Wert. Je genauer Du Deine Suche dokumentierst, desto wahrscheinlicher ist es, dass Dein Eigentumsanspruch Bestand hat.

Wenn Du glaubst, ein bewegliches Bodendenkmal gefunden zu haben, solltest Du es melden. Denk auch daran: **Hier gilt die Hadrianische Teilung,** ein Rechtsprinzip, das seit 2000 Jahren Gültigkeit hat. 50 Prozent des Fundes gehören dem Eigentümer des Waldes, 50 Prozent dem Finder.

Vorsicht vor Unterschlagung

Informierst Du den Eigentümer des Fundortes nicht, begehst Du eine Unterschlagung. **Wer ist nun der Eigentümer des Bürgerholzes?** Da hilft Dir das Katasteramt weiter. Dort kannst Du die Eigentumsverhältnisse abfragen.

SEHENSWERT

Skurriles in Regen: Das fressende Haus, ein Gebäude dessen Unterhalt dermaßen teuer war, dass es das Geld zur Instandhaltung nur so zu fressen schien. Darin ist heute das **Schnupftabakdosenmuseum** untergebracht mit ungewöhnlichen Memorabilia an eine Zeit, als Tabak durch die Nase konsumiert wurde. Und natürlich der gläserne Wald. Bäume aus Glas, geschaffen vom Künstler Rudolf Schmid, werden des nachts durch Flutlicht effektvoll beleuchtet.

Galgenbaum im 30-jährigen Krieg. Radierung von Jacques Callot (um 1632/33).

Der Schatz der Willibaldsburg

Ort:
Eichstätt, Bayern

Typus:
Mittelalter

Belegbarkeit:
groß

Art des Versteckes:
geplant

Fundwahrscheinlichkeit:
groß

Höhlenverstecke im Altmühltal.
↓

← Wehrhaft thront die Willibaldsburg über Eichstätt.

Eichstätt im Altmühltal ist eine uralte Stadt. Malerisch an der Altmühl gelegen, war und ist die Stadt Verwaltungs- und Handelszentrum. Bis heute hat sich das mittelalterliche Flair im Stadtkern erhalten. Bewacht wird die Stadt seit jeher von der Willibaldsburg, einem beeindruckenden Burgenensemble auf einem Felssporn über der Altmühl. **Doch wo etwas bewacht wird, gibt es viel zu holen.** Unter dem längsten Religionskrieg der mitteleuropäischen Geschichte, dem Dreißigjährigen Krieg leidend, wurde Eichstätt ein vorrangiges Ziel der Schweden, mithin Protestanten, um die feindlichen Katholiken zu berauben und zu schwächen.

Auch die Willibaldsburg wurde mehrmals angegriffen. Rings um die Burg wurden schon einige Hortfunde aus den verschiedenen Jahrhunderten gemacht, zuletzt ein prächtiges Bischhofskreuz im Jahr 2015. Deshalb ist die **Annahme weiterer Schatzverstecke im Umfeld der trutzigen Schlossburg** nicht von der Hand zu weisen. Funde wurden auch in den **Höhlen der Sandsteinfelsen** am gegenüberliegenden Ufer der Altmühl gemacht.

Beste Voraussetzungen für Hortverstecke: Durchsetzt von Dolinen, Höhlen und Schächten sind die Felsen schon seit jeher als Kühlkeller, Lager oder, zu prähistorischen Zeiten, als Wohnhöhlen genutzt worden.

Auf der Burg residierten lange Zeit die Bischöfe von Eichstätt. Als Bischofssitz dürften diese über einen **beeindruckenden Kirchenschatz** verfügt haben. Dieser wurde damals sicherlich in und um die Burg versteckt, vielleicht ergänzt mit Wertgegenständen der Bürger. Da der Dreißigjährige Krieg auch 30 Jahre dauerte, ist es durchaus denkbar, dass einige Horte nach den blutigen Auseinandersetzungen aus den Verstecken nicht mehr geborgen werden konnten oder in Vergessenheit gerieten.

Starte auf der bewaldeten Südostseite des Burgbergs

Weil der **Burgberg zur Altmühl** hin steil und unwegsam ist, solltest Du auf der bewaldeten Südostseite der Burg Deine Suche beginnen. Von dieser Seite her führt eine Buchenallee durch den lichten Mischwald direkt auf die Burg hin. **Links und rechts davon erstrecken sich die alten Wälder.** 1633 rückten von dieser Seite her auch die Schweden und ihre Verbündeten vor, um die Burg einzunehmen. Die Bayern setzten sich heftig zur Wehr, wovon die vielen Musketen- und Kanonenkugeln noch heute Zeugnis ablegen, die Schweden eroberten jedoch die Burg. Erst ein halbes Jahr später konnte die Schlossburg erfolgreich zurückgewonnen werden.

SEHENSWERT

Die **Willibaldsburg mit Ihrem Jura-Museum** zu besichtigen, ist die Regenwetteralternative zur Schatzjagd. Bei schönem Wetter solltest Du durch die barocke Altstadt von Eichstätt bummeln oder mit Fahrrad oder Paddelboot das malerische Altmühltal erkunden.

Der Kirchenschatz der Benediktiner

Ort:
Neustadt am Main, Bayern

Typus:
Mittelalter

Belegbarkeit:
gering

Art des Versteckes:
geplant

Fundwahrscheinlichkeit:
mittel

↑
Säulendetail am Kreuzgang und Klostergarten.

←
Der heilige Benedikt.

→
Lateinische Inschrift auf einem Grabstein.

Klöster wurden bevorzugt an Flüssen gegründet. Erstmal war die Wasserversorgung gesichert. Fischfang ergänzte den Mittagstisch und der Fluss konnte als Reise- und Handelsweg genutzt werden. So auch das **Benediktiner Kloster in Neustadt am Main.** Die wohlhabenden Klöster weckten Begehrlichkeiten in unsicheren und kriegerischen Zeiten. Einige waren jahrhundertealt und oft waren, je nach Mönchsorden, Reichtümer in den Klöstern angesammelt worden, **liturgische Geräte, Monstranzen, wertvolle Bücher, Gewänder und Reliquien** eingeschlossen. Das zog in Kriegszeiten Plünderer aller Couleur an. Deshalb versteckten die Benediktiner immer wieder ihre Preziosen vor heranrückenden Banden und feindlichen Truppen. Und hier weiß man aus der Überlieferung sogar, wo die Klosterschätze versteckt wurden. Die Geschichte bezeugt, dass die Klosterschätze aus Sicherheitsgründen außerhalb des Klosters, in den nebenliegenden **Klosterwald an die Gebietsgrenze von Hundshütte** und Breitenstein transportiert wurden. Die Mönche wollten keine Augenzeugen des Transportes, so wurden dem Fuhrmann die Augen verbunden. Klassisch wurde die Vergrabungsstelle **mit einem Stein markiert.**

***Stein mit lateinischer Inschrift:* Holzarbeiter berichteten mehrmals, dass in Wald ein Stein mit eingehauenen lateinischen Buchstaben existiert. Auch eine Goldborte, welche von liturgischen Gewändern stammen könnte, wurde im Wald gefunden.**

Ehemalige Wege lokalisieren

Intensiv nach dem Kirchenschatz gejagt, hat wohl noch niemand. Früher gab es keine Metalldetektoren und die Sage ist ziemlich unbekannt. Nachdem aber die Ausgangsbasis der Verbringung bekannt ist, die **Gebietsgrenze zwischen Hundshütte und Breitenstein,** kann die Suche von dort aus gestartet werden. Auch die ehemaligen Wege zu lokalisieren, wäre hilfreich. Dazu wird der Bayern Viewer wertvolle Dienste leisten. Nachdem die Sage keine Hinweise auf eine Notverbringung beinhaltet, ist von einem **solide geplanten und umgesetzten Depot** auszugehen. Da solltest Du eine Großspule einsetzen, denn hier ist eine tiefgründige Verbringung denkbar. Möglicherweise sogar ein gemauertes Versteck.

Angeblich wurden auch einem Maurer die Augen verbunden und er wurde zu einer Stelle geführt, an der er eine Kammer anlegen sollte. Nach Abschluss der Arbeiten wurde er mit verbundenen Augen wieder weggeführt. Aber dieser Aspekt taucht in vielen Schatzgeschichten auf, wenn der Ort des Versteckes nicht mehr bekannt ist, und damit mit Vorsicht zu genießen. Andererseits könnte der bereits erwähnte beschriftete Stein ein Hinweis auf eine **Kammer, Gruft oder ein ausgebautes Versteck** sein.

SEHENSWERT

Direkt in Neustadt kann das **Kloster** besichtigt werden. Es ist aber leider nicht mehr das originale Benediktiner Kloster, sondern ein Neubau von Missions-Dominikanerinnen. Das ursprüngliche Benediktinerkloster brannte 1857 ab.

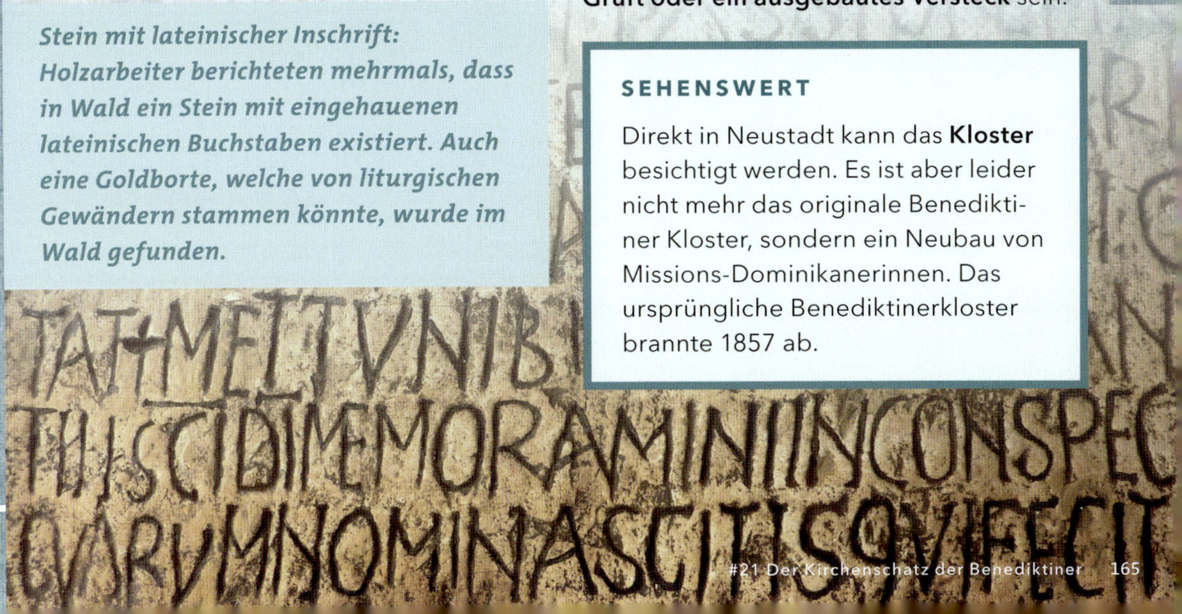

SCHATZJÄGER GESUCHT #22

Flussübergänge

↗
Frühzeitliche Bronzeschwerter dienten als Opfergaben für die Götter.

Seilfähren waren die übliche Art, einen Fluss zu kreuzen.
↓

Ort:
Europaweit

Typus:
historische Sage

Belegbarkeit:
gering

Art des Versteckes:
ungeplant

Fundwahrscheinlichkeit:
mittel

Flüsse waren über die Jahrtausende beliebte **Transport- und Reisewege.** Für alle anderen Reisenden aber bildeten Flüsse Hindernisse auf dem Weg zum Reiseziel, welche durch- oder überquert werden mussten. Das war nicht ungefährlich. Hochwasser, Spülfluten, Flusslaufverlagerungen veränderten die Lage von Furten und Inseln, Brücken wurden weggerissen, Fähren weggespült.

Diese dauernden Veränderungen führten dazu, dass die launischen Flüsse im Glauben der Menschen in der Frühzeit als lebendig betrachtet wurden.

Wälder, Quellen, Flüsse Seen, alles waren lebendige Wesen und von Göttern bewohnt und beschützt.

Tief wurzelte dieser Glaube in den damaligen Menschen, und damit auch der Glaube, dass die Gunst dieser Götter erwirkt werden könne. Dies führte dazu, dass den Göttern gern und viel geopfert wurde, entweder in Tempeln und Hallen, heiligen Hainen oder Bezirken, oder direkt am Wirkort des Gottes.

Büsten und Opferschwerter liegen auf dem Grund der Flüsse

Im Fall eines Flusses könnte das neben der Quelle auch eine Furt sein. **Dort wurden dann Opfergaben an die Flussgötter gegeben,** um damit eine sichere Überfahrt oder Durchquerung zu erbitten. Später wurden **Opfergaben von Brücken oder Fähren in den Fluss geworfen.** Diese Opfergaben bestanden aus Kleinmünzen, Götterfiguren oder Medaillen. Aber auch wertvollere Opfergaben wurden schon gefunden.

Bei seiner Suche nach dem Kurfürstensilber entdeckte Reinhold Ostler ein perfekt erhaltenes **keltisches Opferschwert im trüben Gewässer des Inns.**

Brücken waren die bequemste Art, einen Fluss zu überqueren.

Alte Wege und Ortsnamen

Wo heute Brücken stehen, befand sich früher oft eine Furt. Alte Karten geben darüber Auskunft und beantworten Fragen. Sind die alten Wege heute durch Straßen überbaut? Wo befanden sich Furten oder Fähren? Da hilft es, nach **Römer- und Keltenstraßen** auf der Karte Ausschau zu halten. Und wieder Onomastik, also die Analyse von Ortsbezeichnungen wie Fürth, Furt im Wald oder Anfurt. Alles Hinweise auf Furten. Hast Du eine ausgemacht, wird es aufwendig: **Tauchausrüstung, Schlauchboot und Unterwassersonden** benötigst Du für die Suche. Die Opfergaben sind im Normalfall großflächig verteilt und flussabwärts verschwemmt. Befestige einen Schwimmkörper am Seil mit einem Metallstück und wirf ihn von der Brücke. Check nach einem Monat, wo denn die Boje treibt. Jetzt kannst Du die Versetzung durch die Strömung ungefähr berechnen.

SEHENSWERT

Willst Du mehr über Flüsse wissen, besuche das **Rheinmuseum in Emmerich.** Das Rheinmuseum ist das größte Flussmuseum am unteren Niederrhein. Es stellt sowohl das Leben und Arbeiten auf und am bedeutsamstem Strom Deutschlands dar, als auch die Geschichte der Hansestadt, die im Zweiten Weltkrieg zu 97 Prozent zerstört wurde.

SCHATZJÄGER GESUCHT #23

Görings Gold im Stolpsee

Ort:
Stolpsee, Brandenburg

Typus:
Neuzeit

Belegbarkeit:
sehr gut

Art des Versteckes:
geplant

Fundwahrscheinlichkeit:
mittel

Göring fürchtete Bombardements von Carinhall.
↓

Verschwiegene Gewässer in Brandenburg.

Die **Brandenburgische Seenplatte** ist eines der Erholungsgebiete rund um Berlin. Dazu gehört Richtung Norden auch der Stolpsee. Ein nur 13 Meter tiefer, aber 3,6 Kilometer langer und 1,5 Kilometer breiter See, gespeist von Havel und Woblitz. Und ein See mit einer Schatzgeschichte. **Angeblich soll Ende des zweiten Weltkrieges ein SS-Kommando 18 Kisten im See versenkt haben.** Nicht irgendwelche Kisten, sondern Kisten mit 350 Kilo Gold und 100 Kilo Platin aus dem Besitz Herrmann Görings.

Verbürgt ist: Göring raubte sich in den besetzten Ländern ein Vermögen an Kunst und Edelmetallen zusammen. Er stopfte seine **Villa Carinhall** voll mit Beutegut, welches er frech bei Besichtigungen in Museen der eroberten Länder für sich beanspruchte. Weltbekannte Gemälde wie Leda mit ihren Kindern von Giampietrino, Skulpturen und eine gotische Sammlung wurden nach Carinhall gebracht und dort zur Erbauung Görings und seiner Gäste ausgestellt.

Ab 1943, mit Beginn der alliierten Flächenbombardements, begann Göring seine Kunstwerke auszulagern. Nach dem Krieg wurden mehrere Züge mit Kunstwerken in **Bahntunnels rund um Berchtesgaden** entdeckt, doch nur geringe Mengen an Gold, obwohl belegt ist, dass Göring Goldvorräte in Carinhall hortete.

Damit scheint die Verbringung der Goldvorräte in den Stolpsee nicht unmöglich. Der See liegt nur eine Autostunde von Carinhall entfernt.

Stasi suchte nach Görings Goldkisten

Auch die Stasi war von der Geschichte überzeugt und versuchte 1981 Goldkisten zu bergen, fand aber nichts.

Göring, Oberbefehlshaber der Luftwaffe.

Hingegen wurde bei Ausgrabungen in Carinhall, das 1945 von deutschen Truppen gesprengt wurde, ein Bunker gefunden, der noch Kunstgegenstände enthielt. Also wurde Carinhall nicht komplett geräumt.

Damit ist wahrscheinlich, dass 1945 auch noch Goldkisten vor Ort gewesen sind, welche schnellstmöglich versteckt werden mussten. Nach Westen, Osten und Süden war ein Durchkommen nicht möglich, dort stand der Russe.

Nur nach Norden war noch Freiraum und im Norden liegt der Stolpsee. Auch würde sich damit die Art der Verbringung erklären. Die Kisten mussten schnellstmöglich verschwinden, die Russen konnten jederzeit aufmarschieren. Es blieb keine Zeit für eine sorgfältige Planung eines Versteckes. Rauf auf ein Boot und in den See werfen, war die effektivste Lösung.

Der See war flach genug, um die spätere Bergung durch Taucher möglich zu machen.

Aber es gab einen Augenzeugen: **Eckard Litz.** Im März 1945 will er beobachtet haben, wie eine SS-Einheit mit LKW an das Ufer gefahren sei. Ein Arbeitstrupp von Häftlingen verlud die Kisten auf Schlauchboote und versenkte alles im See. Die Häftlinge wurden danach erschossen.

SEHENSWERT

Carinhall in der Schorfheide, der Landsitz Görings, wurde zum Ende des zweiten Weltkriegs gesprengt. Heute noch sichtbar ist die Toranlage, zwei Unterkunftshäuser und das Gebäude der Funkanlage. Zwei Großplastiken aus Carinhall, der bronzene Kronenhirsch »Raufbold« und die »Kämpfende Amazone« haben den Krieg überlebt und können heute noch besichtigt werden. Der Hirsch steht im Tierpark Berlin an der Freilichtbühne, die Amazone im Weidendammpark in Eberswalde.

← **Viele Verbringungen wurden mit dem Lastesel der Wehrmacht, dem Opel Blitz, durchgeführt.**

Passende Ausrüstung

Für diese Suche musst Du Dich gut ausrüsten. Leider ist der See mit **Sediment und Schlamm** gefüllt. Du benötigst Taucherausrüstung, Unterwassersonden und wenn möglich, ein Side-Scan Sonar, um die Kisten im metertiefen Schlamm zu orten.

Ideal wäre auch ein Tauchroboter und natürlich ein Boot. Nachdem der See zu einer Schifffahrtsstrasse gehört, benötigst du auch die **Genehmigung der Gewässerbehörde.**

Aber lass dich nicht entmutigen, es existiert sogar eine **echte Schatzkarte.** Diese zeigt den See und ein im Wald stehendes Haus, links davon zwei Baumstümpfe. In einem dieser Baumstümpfe steckt der Nagel, von dem aus man einen 85 Grad breiten Winkel bilden sollte, wobei ein Schenkel auf einen Dachfirst mit einem Kreuz am Nordufer des Sees angedeutet sowie eine Tür und links davon das Wort »Petrus« eingezeichnet war; möglicherweise ein Hinweis auf das Zisterzienserkloster Himmelpfort.

Das Haus auf der Karte existiert heute leider nicht mehr, sodass die genaue Verortung der Karte nicht möglich ist.

SCHATZJÄGER GESUCHT #24

Nazi-Schätze auf dem Falkenstein

Ort:
Ostallgäu, Bayern

Typus:
Neuzeit

Belegbarkeit:
gering

Art des Versteckes:
ungeplant

Fundwahrscheinlichkeit:
groß

↑ Malerisch gelegen:
Die Ruine Falkenstein.

→ Bis zum Forgensee bei Füssen
schweift der Blick vom Falkenstein.

Ein Sahnestückchen für jeden Schatzjäger ist der Film »Monument Men« von und mit George Clooney. Wer ihn gesehen hat, weiß, dass auch im Allgäu eine Menge wertvollster Kunstschätze am Ende des zweiten Weltkrieges deponiert wurden. **Auf dem Hof von Schloss Neuschwanstein bei Füssen** waren jahrtausendealte Plastiken aus allen Epochen schutzlos den Elementen ausgeliefert, im Schloss waren weitere Kunstwerke versteckt. Und nur ein paar Kilometer Luftlinie entfernt von Neuschwanstein liegt der Falkenstein.

Nach dem Willen des Märchenkönigs Ludwig II. sollte dort ein prunkvolles Schloss errichtet werden, wo heute die romantischen Reste einer Ruine stehen. Der frühe Tod von Ludwig II. im Starnberger See verhinderte den geplanten Schlossneubau. Auf dem Falkenstein sollen während des Krieges Werte verborgen worden sein, wie ein alter Schatzsucher zu berichten weiß.

SS versteckt Kisten am Falkenstein

Irgendwo auf dem steil ansteigenden Burgberg hat die SS Grabe- und Versteckarbeiten durchgeführt, immerhin von Oktober 44 bis März 45 war der Falkenstein komplett abgesperrt. Was wurde dort hingebracht? Am Fuß des Falkensteins liegt die Eisenbahntrasse Füssen-Augsburg. In den letzten Kriegsmonaten wurden Unmengen von Kriegsmaterial per Bahn in Füssen angeliefert. **Ausrüstung, Munition, Waffen** zur Austattung für die letzte Hoffnung der Nazis, der Alpenfestung. Aber ein Zug verdient etwas mehr Aufmerksamkeit. Er fuhr wegen der möglichen Bombardierung Füssens nicht in den Bahnhof ein und stand vor der Stadt im Schutz eines kleinen Wäldchens, nahe dem Falkenstein. Beobachter bezeugen, dass daraus Kisten entladen worden sind. **Diese könnten durchaus am nebenliegenden Falkenstein versteckt worden sein.**

Die Gerüchteküche will wissen, dass die Werte in einer der Kehren der Zufahrtsstrassen versteckt sind.

Übrigens gibt es eine **namensgleiche Burg Falkenstein im Harz.** Dort wurden 1992 in einem vermauerten Zimmer über 5000 wertvolle Haushaltsgegenstände entdeckt. Schon 1990 wurden im Wald zwei Kisten mit einem Metalldetektor wiedergefunden, welche von der Adelsfamilie Asseburg im Jahr 1943 im Wald vergraben wurden. Angeblich wurden noch weitere Kisten vergraben. 2017 entdeckte man ein weiteres Versteck. Der Kastellan hatte Meissner Porzellan und Silberkelche vor dem Zugriff der russischen Besatzer in der Kastellanswohnung versteckt. Während eines Umbaus wurde der Schatz zufällig entdeckt.

SEHENSWERT

Willst Du touristischen Rummel erleben, nimm' an einer der sehenswerten Besichtigungen der Schlösser des Märchenkönigs Ludwig II. teil. Auf den Schlössern **Neuschwanstein oder Hohenschwangau** erfährst einiges über deren Geschichte und kannst das weltberühmte Tischlein-deck-dich, einen versenkbaren Esstisch, bewundern.

Meteoriten, Grüße aus der Milchstrasse

Ort:
weltweit

Typus:
Urzeit

Belegbarkeit:
sehr gut

Art des Versteckes:
ungeplant

Fundwahrscheinlichkeit:
gering

↑
Dieser Eisenmeteorit zeigt das typische Widmannstätten-Gefüge.

←
Über den Kometenschweif wird der Einschlagpunkt berechnet.

Wer hat sie nicht schon am Nachthimmel bewundert? Die **Meteoritenschauer** der Perseiden, Draconiden, Orioniden und wie sie alle heißen. Als strahlende Lichtschweife rasen sie durch unsere Erdatmosphäre, um als Feuerkugel zu verglühen. Doch nicht jeder der Feuerbälle verbrennt zu Asche und rieselt zum Erdboden.

Einige sind massiv genug, um die Bremswirkung der Luftschichten zu überstehen und mehr oder weniger explosiv auf der Erdoberfläche einzuschlagen. So geschehen vor 66 Millionen Jahren auf der mexikanischen **Halbinsel Yucatan.** Der Aufschlag läutete den Untergang der Saurier ein. Oder 1908 das **Tunguska Ereignis,** die Explosion eines Kometen in einigen Kilometern Höhe über dem zum Glück menschenleeren Sibirien. Wer nicht so weit reisen möchte, auch bei uns gibt es einige riesige Meteoritenkrater zu bestaunen. So das 24 Kilometer durchmessende **Nördlinger Ries,** einen 14,6 Millionen Jahre alten Einschlagkrater, oder das 14–15 Millionen Jahre alte **Steinheimer Becken.**

Erst kürzlich, in 2002, fiel der sogenannte Neuschwanstein-Meteor vom Himmel. Der Chondrit, ein Steinmeteorit, zerbrach in mehrere Teile, von denen bisher drei Stücke gefunden wurden, zwei in Bayern und eines in Österreich. Der Wert des mit 2800 Gramm größten Stücks wurde auf 200.000 und 300.000 Euro geschätzt. Das wollte sich die österreichische Gemeinde Reutte, auf deren Ortsgebiet der Meteorit gefunden wurde, nicht entgehen lassen und strengte einen Rechtsstreit gegen den Finder an. 2008 verständigte man sich auf einen Vergleich.

Berechne den Einschlagpunkt

Meteoritenreste in Mitteleuropa sind nicht selten, aber schwer zu finden, da sie im Boden eintauchen. Du musst schon genau die Flugbahn kennen und daraus den Einschlagpunkt berechnen.

Sternschnuppen sind Meteoriten, die in der Hochatmosphäre verglühen.

500 Meter durchmessender Meteoritenkrater eines ca. 20 Kilogramm schweren Meteoriten.

Meist handelt es sich um **Steinmeteoriten** wie den Neuschwanstein Meteorit. Steinmeteoriten sind meist nachtschwarz und fallen auf hellem Gestein wie beispielsweise Kalkstein sofort ins Auge. Hier nützt Dir ein Detektor nichts. **Nur metallhaltige Meteoriten, kannst Du mit der Metallsonde aufspüren.** Solltest Du aber irgendwann auf Deinen Suchen über einen metallhaltigen Stein stolpern, untersuche diesen sehr genau. Meist wird es sich um gewöhnliches erzhaltiges Gestein handeln, aber mit etwas Glück kannst Du bald einen dicken Batzen Geld auf dem Konto verbuchen, wenn es denn einer der seltenen Metallmeteoriten sein sollte.

Check dazu die folgenden Punkte:

- *Weist das Fundstück eine besonders hohe Dichte auf, das heißt, ist es für seine Größe besonders schwer?*
- *Wird das Stück von einem Magneten angezogen?*
- *Weist das Fundstück eine matte Oberfläche auf?*
- *Zeigt das Objekt auf einer angeschliffenen Ecke metallischen Glanz oder metallische Einschlüsse?*
- *Hat das Objekt eine schwarze oder braune Kruste?*
- *Ist das Stück kompakt und massiv?*
- *Zeigen Eisenmeteoriten bei Ätzung oder vorsichtigem Abschliff das Widmanstätten-Gefüge oder Neumannsche Linien, dann Glückwunsch. Du hältst einen Meteoriten in der Hand.*

Vorsicht zerbrechlich!
Zerbrochene oder stark geschliffene Meteoriten erzielen nur einen Bruchteil des Verkaufswertes.

↑ Eisenmeteorit aus dem Asteroidengürtel.

↑ Steinmeteorit aus den Tiefen des Alls.

SEHENSWERT

Meteoriten-Museum Oberwesel:
Das weltweit einzigartige Meteoriten-Museum, gelegen im oberen Mittelrheintal in Oberwesel am Rhein. Dort kannst Du viele Arten von Meteoriten besichtigen und einiges über deren Entstehung und Herkunft erfahren.

SCHATZJÄGER GESUCHT #26

Napoleons Kriegskasse bei Dölitz

Ort:
südlich von Leipzig, Sachsen

Typus:
Mittelalter

Belegbarkeit:
gering

Art des Versteckes:
geplant

Fundwahrscheinlichkeit:
mittel

↗
Gemälde der Völkerschlacht bei Leipzig.

←
Der »kleine Korse« auf dem Höhepunkt seiner Macht.

Am Entscheidungstag der Leipziger Völkerschlacht ging eine der Kriegskassen der Franzosen **südlich von Leipzig** verloren. Nach der beispiellosen Schlacht gewannen die verbündeten Armeen gegen Napoleons Armee die Oberhand und trieben die Franzosen in den Süden.

Der Überlieferung gemäß soll am Ende der napoleonischen Kriege infolge des Befehls eines hohen Kommandeurs der fliehenden französischen Armee beim Beginn des Rückzugs, im Dorfe **Dölitz – oder im benachbarten Markkleeberg,** vielleicht auch zwischen beiden Orten im Fluss, die Kriegskasse eines französischen Armeecorps mit sehr beträchtlichem Goldinhalt versenkt worden sein.

Alle im Laufe der Jahre vorgenommenen Nachforschungen führten bislang zu keinem Ergebnis und es scheint beharrliche Schatzjäger zu erfordern, die jene **Goldnapoleons** – wenn sie nicht überhaupt märchenhaften Ursprungs sind – im Sonnenlicht wieder zum Glänzen zu bringen.

Lokalisiere den ehemaligen Bachlauf

Vermutlich handelt es sich bei dem erwähnten Fluss um den **Leinegraben**. In Dölitz wurde der Bach verrohrt und mündet in die Pleisse. Somit wäre es empfehlenswert, einige historische Karten zu studieren, um den damaligen Bachlauf zu lokalisieren. Wegen möglicher Zeugen ist die Annahme unwahrscheinlich, dass die Kriegskasse direkt im Ort Dölitz verborgen worden ist.

SEHENSWERT

Als historisch Interessierter solltest Du unbedingt das **Völkerschlachtdenkmal im Süden von Leipzig** besuchen. Die Völkerschlacht bei Leipzig vom 16. bis 19. Oktober 1813 war die Entscheidungsschlacht bei der Befreiung von der Vorherrschaft Napoleons. Dabei kämpften insgesamt 600.000 Soldaten der Truppen der Verbündeten, im Wesentlichen Russland, Preußen, Österreich und Schweden gegen die Truppen Napoleon Bonapartes.

SCHATZJÄGER GESUCHT #27

Raubzüge des zweiten Weltkriegs

Ort:
Deutschland

Typus:
neuzeitlich

Belegbarkeit:
sehr gut

Art des Versteckes:
geplant

Fundwahrscheinlichkeit:
hoch

Was mag noch an Beutekunst in den riesigen Depots der Eremitage schlummern? ↓

Viele Gemälde werden noch immer vermisst. ↘

Fall eins: Eine der beeindruckendsten Szenen in George Clooneys Spielfilm »Monument Men« ist die Entdeckung geraubter Kunstgegenstände aus dem Louvre in Süddeutschland. Als die Kunstfahnder der US-Army einem Hinweis folgen, finden die Amerikaner ein Landhaus, vollgestopft mit berühmten Kunstwerken. Der Besitzer, ein ehemaliger deutscher Offizier, behauptet frech, es handle sich um Kopien.

Doch die Amerikaner entdecken den Schriftzug Rothschilds auf der Rückseite eines Bildes. Der Offizier war Leiter eines Devisenschutzkommandos, wie die Nazis ihre Plünderungsabteilungen bezeichneten, und hatte sich die Gemälde unter den Nagel gerissen. Schätzungsweise **600.000 Kunstwerke** wurden von den Nazis in den besetzten Ländern geraubt.

Fall zwei: Völlig gesetzeskonform erworben bewachte ein alter Mann, Cornelius Gurlitt, in einer Eigentumswohnung in München über 50 Jahre lang 1500 Kunstwerke. Diese hatte sein Vater gekauft und vor den Nazis gerettet. Statt ihn zu belobigen, starteten die Strafverfolgungsbehörden in Bayern eine Hexenjagd. In der Folge dieses Justizskandals vermachte der zutiefst enttäuschte Gurlitt die Sammlung dem Kunstmuseum Bern.

Und schon solltest Du als Schatzsucher hellhörig werden. In den Kriegswirren zum Ende des Krieges 1945 verschwanden zahlreiche Kunstgegenstände, welche die Nazis aus den besetzten Ländern gestohlen hatten. Beispielsweise bedienten sich Wachpersonal und Einheimische mit »klebrigen Fingern« bei den in der Nähe von Berchtesgaden abgestellten Zügen mit Görings Preziosen, z. B. Raffaels Porträt eines jungen Mannes – seit 1945 verschwunden. Natürlich haben sich auch die Sieger bedient. Schätzungsweise sechs Millionen Kunstgegenstände wurden von den Siegern weggeschleppt. Der **Eberswalder Goldschatz** wurde vor kurzem in der Eremitage in St. Petersburg ausgestellt.

FILM- UND BUCHTIPPS

»Monument Men«, deutscher Titel »Ungewöhnliche Helden«. Absolut sehenswerter Film für jeden Schatzsucher.

Lesenswert ist: **»Nazi-Gold«** von Autor Ian Sayer. Minutiös hat der Hobbyhistoriker den »Größten Raub der Geschichte«, die Bergung und Überführung des Reichsbankgoldes in die Staaten, recherchiert und spannend in Buchform gepackt.

Karl Bernd Esser hat ein weiteres Lesevergnügen für Schatzjäger veröffentlicht. In **»Hitlers, Gold, Devisen und Diamanten«** gelang es dem Autor, akribisch die vorhandenen Akten zu Nazischätzen zu sichten und aufzuarbeiten. Ob es sich um den Reichsschatz, die Rothschilddiamanten oder das Melmer Konto handelt, Esser hat die Aktenlage ausgewertet und ist auf Erstaunliches gestossen.

Unerkannte Beutekunst

Was Gurlitt kann, können andere auch. Deshalb halte die Augen offen. Sicherlich befinden sich in einigen Wohnungen zwischen Klagenfurt und Flensburg noch Kunstwerke aus Beutekunst.

Sprich mit Opa oder Oma, arbeitest Du mit Senioren zusammen, hör genau hin. Besuchst Du sie in ihren vier Wänden, halt die Augen offen. Vielleicht ist der vermeintliche billige Druck an der Wand, den der Großvater nach dem Krieg aufhängte, ein echter Goya.

Im Internet findest Du Listen über vermisste Kulturgegenstände wie z. B. auf www.lostart.de.

Ein Beispiel: Der Quedlinburger Domschatz

Ende April 1945 war das »Dritte Reich« auf breiter Front überrollt worden. So auch in Quedlinburg. Die Amerikaner besetzten die Stadt und begannen Wertvolles zu sammeln. Darunter Lieutenant Joe Tom Meador. Er bekam Befehl, den Stiftsschatz,

Kunstgegenstände zu Kriegsende, versteckt in einer Kirche.

Altenburg: Weit reicht der Blick von den bewaldeten Höhen.

SEHENSWERT

Unbedingt anschauen: Den **Quedlinburger Domschatz** in der Stiftskirche St. Servatius.

↑ Die romantische Altstadt von Quedlinburg.

der in einer Höhle unter der Altenburg vor den Amerikanern versteckt worden war, zu bewachen und zog mit zwei GI's los.

Meador war Kunstfreund und erkannte den Wert des Schatzes. Zwölf Stücke riss sich der Leutnant unter den Nagel und schickte diese mit der unzensierten Militärpost nach Texas.

Der Schatz galt in der Folge als verschwunden, bis 1990 plötzlich in der Schweiz das Samuel Evangeliar für drei Millionen Dollar bei einer Auktion angeboten wurde. Fahnder der Kulturstiftung der Länder erwarben das Evangeliar und konnten so den Eigentümer ausfindig machen. Mit einer richterlichen Anordnung wurde der Safe der Familie Meador in Texas geöffnet. In einem Pappkarton tauchten Teile des vermissten Schatzes auf u.a. der berühmte Reliquienschrein Heinrichs I.

Aber zwei Teile des Schatzes, ein Brustkreuz und ein Bergkristallflakon fehlen bis heute.

Übersehene Stücke

Durchaus möglich wäre, dass nicht alle Teile des Schatzes durch Meador geborgen wurden. **Möglich ist, dass die fehlenden Stücke noch heute unter der Altenburg,** einer waldreichen Sandsteinformation in der Nähe von Quedlinburg, in einer Höhle liegen. Klein wie sie sind, könnten sie bei Meadows Aneignung übersehen worden sein.

Die Gottfried

Ort:
Elbemündung, Niedersachsen/ Schleswig-Holstein

Typus:
Neuzeit

Belegbarkeit:
sehr gut

Art des Versteckes:
ungeplant

Fundwahrscheinlichkeit:
mittel

Von Seefahrern gefürchtet: Orkan auf dem Meer.
↓

Für Seeleute ein Alptraum: Vom 11. auf den 12. März 1822 tobte über der Nordsee einer der schwersten Stürme der Geschichte. Der einzige halbwegs sichere Ort für Schiffe war das offene Meer, weit weg von allen gefährlichen Klippen, Felsen, Sandbänken und Untiefen.

Verzweifelt versuchte auch der junge, wenig erfahrene Kapitän Heinrich Jacob Riesbeck sein Schiff auf die offene See zu retten – einen kleinen zweimastigen Frachtsegler aus Eichenholz: die »Gottfried«. Außen unscheinbar, befand sich an Bord einer der unermesslichsten Schätze seiner Zeit: **97 große Kisten mit ägyptischen Kunstwerken**, die der preußische Adlige Freiherr Heinrich Menu von Minutoli im Auftrag König Friedrich Wilhelm III. in Ägypten erworben hatte. Sie sollten den Grundstock für die ägyptische Sammlung des Preußenherrschers bilden.

Vergoldete Sarkophage mit wertvollen Beigaben. Die mumifizierten Würdenträger wurden luxuriös für das Jenseits vorbereitet.

Mumieneinkauf in Unterägypten

Minutoli hatte bei seinen Einkäufen im Land am Nil aus dem Vollem schöpfen können. Er hatte **Mumien erworben, Altäre, Gefäße, Götterfiguren und Papyri.** Dazu kamen die massive **Spitze einer Pyramide** sowie ein **tonnenschwerer Sarkophag** aus rotem Granit.

Und es war der gewaltige Sarkophag und die Pyramidenspitze, die dem Schiff zum Verhängnis wurden. Fest verzurrt stabilisierten sie das Schiff. Doch als durch das anhaltende Stampfen und Schlingern des kleinen Frachters in den wütenden Orkanwellen die Taue rissen, durchschlugen die beiden Steingiganten die Bordwand. Wasser schoss in das Schiff und die See riss das havarierte Schiff mitsamt seinen ägyptischen Preziosen in die Tiefe. Nur die leichteren Holzsarkophage tauchten wieder auf der Wasseroberfläche auf und wurden an Land gespült.

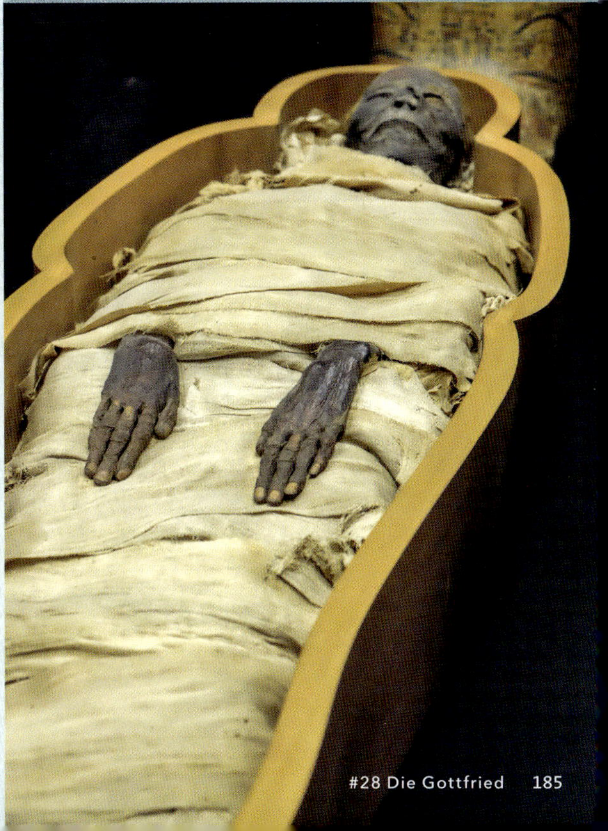

Sonderbare Funde trieb das Meer in der Folge am Ufer **zwischen Cuxhaven und Balje** an: Exotisches wie Mumienbinden, Straußeneier, Papyri, Widder-Hörner, mumifizierte Krokodile, Tiersarkophage, Korallen sowie Kisten mit Unterlagen verwirrten und entsetzten die erstaunten Küstenbewohner.

Mumienwickeln anno 1820: Partyspass für Wohlhabende

Napoleon Bonaparte hatte rund 20 Jahre zuvor durch seinen Feldzug nach Ägypten in ganz Europa eine Begeisterung für das Land am Nil ausgelöst. In betuchten Kreisen entwickelte sich daraufhin ein ungewöhnliches Gesellschaftsspiel: Mumien auswickeln – **in der Hoffnung, Amulette und Schmuck zwischen den Leinenbinden zu finden.** Eine echte ägyptische Mumie kostete damals in etwa so viel wie heute ein Familienurlaub. So lud der Hohenzollern-Prinz Friedrich-Karl in seinem Jagdschloss zum Diner ein – mit anschließendem, spannenden Mumien-Auswickeln.

Nachdem die illustre Gesellschaft üppig gespeist hatte, kam der Höhepunkt des Abends: Die Gäste versammelten sich vor dem Billardtisch, auf dem die Mumie in ihrem braunen Leinen lag. Aufgeregt verfolgten die Gäste, wie Stück für Stück die Mumie ausgewickelt wurde, bis das lederne Antlitz einer jungen Frau zum Vorschein kam.

Wrack bleibt bis heute verschwunden

Zwischen Cuxhaven und Balje kennt noch jedes Kind die Geschichte der »Gottfried« und ihrem exotischen Strandgut. Bis heute liegen die jahrtausendealten ägyptischen Kunstwerke, darunter der **Granit-Sarkophag sowie Stelen und Kanopen** auf dem Grund der Elbmündung.

Kanopen enthielten die einbalsamierten Organe der Mumien.

Mumien auswickeln, eine fragwürdige Partybelustigung.

Das Wrack zu orten, haben Wissenschaftler und Schatzsucher bislang nicht geschafft. Vermutlich existiert es nicht mehr; den zertrümmerten Schiffsrumpf riss längst die Strömung mit sich fort. Nur die Kisten mit den schweren Altären, Statuen, der Pyramidenspitze und dem Sarkophag aus rotem Granit ruhen wohl noch immer im Schlamm vor der Elbmündung und warten auf ihre Wiederentdecker.

Professionelle Ausrüstung

Bei dieser Suche benötigst Du professionelle Tauchausrüstung. Trockentauchanzug und 12-Liter-Pressluftflaschen sollten lange Tauchgänge ermöglichen.

Aber wo suchen? **Gesucht nach der Gottfried wurde schon bei Cuxhaven. Dort wurde jedoch nichts gefunden,** denn ein maritimer Fund ist selten, aber kein Einzelfall. Archäologen rechnen damit, dass zwischen Hamburg und Cuxhaven bis zu 50 Wracks in der Elbe liegen. Doch denk auch an die Bergung der Ladung der Gottfried. **Dafür brauchst Du mindestens einen Bergeprahm mit montiertem Kran,** um die unter Wasser zwar leichteren, aber an der Oberfläche tonnenschwere Steinkolosse zu heben.

SEHENSWERT

In den vergangenen Jahrzehnten wurden viele wertvolle Gegenstände von havarierten Schiffen aus dem Strom geborgen. Sie konnten teilweise restauriert werden und stehen jetzt, wie das Wittenbergener Wrack aus dem 17. Jahrhundert, im **Hamburg-Museum am Holstenwall**. Das Museum zeigt 1200 Jahre Hamburger Geschichte. Zahlreiche Exponate zu den Themen Schifffahrt, Hafen und Auswanderung über Hamburg, bürgerliche Wohnkultur verschiedener Epochen, stellen die Entwicklung Hamburgs umfassend dar.

Keltische Ringwälle

Ort:
Europa

Typus:
Frühzeit

Belegbarkeit:
sehr gut

Art des Versteckes:
geplant

Fundwahrscheinlichkeit:
groß

↗
Beinbergen waren ein beliebter Schmuck der Kelten.

Ringheiligtum Pömmelte, alles aus Holz.
↓

Jede geschichtliche Epoche hat ihr bevorzugtes Baumaterial. Heutzutage ist es der oft geschmähte, in tausend Formen gussfähige Beton. Im Mittelalter war der beliebteste Baustoff das Holz, welches dermaßen ausgiebig verwendet wurde, dass die erste Rohstoffkrise der Menscheit eintrat, als die Wälder im Umkreis der Städte gefällt waren und Holz unerschwinglich wurde. Bei den Römern war es der Stein, mit welchem sie ihre Jahrtausende überdauernden Monumente wie das Forum Romanum oder die Porta Nigra schufen. Und bei den Kelten das Holz. **Stein als Baustoff wurde in der Welt der Kelten wenig verbaut,** allenfalls für Hügelgräber, Menhire und die Steinstelen der Druidenzirkel und später für Stadtmauern. **Holz war das bevorzugte Baumaterial der Kelten** für Profanbauten. Es wuchs direkt vor der Haustüre, war kostenlos und schnell gewonnen. Pfostenhäuser, Fachwerkhäuser, Langhäuser, Grubenhäuser, Speicherbauten auf Stelzen, Vorratsgruben, Werkstätten, Brunnen, Bauernhöfe, Burgen, Ställe, Versammlungsgebäude, Tempel, heilige Bezirke und Haine, Palisaden und Speichergebäude, alles war aus Holz. Und damit auch schnell vergänglich.

Deshalb sehen wir heute, im Gegensatz zu den steinernen römischen Bauwerken, von den Kelten wenig Bauliches. **Nichts aus Holz hat die Jahrtausende überlebt,** außer ein paar tief in den Boden versenkte Grablegen von Fürsten, Moorfunde und einige wenige Einbäume haben die Zeiten überdauert.

Das Holz der Kelten ist verrottet, verwittert und verfault. So sind wir auf indirekte Hinweise angewiesen. **Dunkle Verfärbungen im Lehmboden** deuten bei Ausgrabungen auf eingelassene Stützbalken hin, eckige Einsackungen auf einen Opferschacht oder einen Trinkwasserbrunnen. Dürftige Spuren einer hochstehenden Kultur mit vielfältiger Lebensart.

Aber ein keltisches Bauwerk hat es geschafft, bis in die Moderne zu überdauern. Nicht immer auf den ersten Blick erkennbar, oft überbaut oder überwuchert, aber noch vielfach in unseren Auen und Wäldern vorhanden: **Die Ringwälle.** Sie waren überall dort, wo Kelten siedelten.

Wertvolles Werkzeug und Waffe der Kelten: Bronzedolch.

Ringwälle gibt es überall in Europa

Ob im heutigen England, Frankreich, Deutschland, Schweiz, Österreich, Spanien, Ungarn, Polen oder Rumänien, durchgängig war die Siedlungsstruktur gleich. Ein Ringwall umgab die Siedlung.

Stellen wir uns die ungezähmte Natur um zweitausend vor Christus vor. Tiefster Urwald bedeckte Mitteleuropa, endlose Wälder. Wenige Straßen verbanden die Siedlungen, transportiert wurde, wo immer möglich, auf den Wasserstrassen, den Flüssen. Darauf wurde Handel getrieben und gereist. Straßen hingegen waren unsicher und gefährlich. Raubtiere und Räuber lauerten am Weg. Alle naselang wurde eine Fehde zwischen Stämmen geführt, wandernde Horden überfielen ungeschützte Siedlungen. **So sicherten die Kelten die Siedlung, das Dorf, die Höfe mit den Mauern ihrer Zeit, den Ringwällen.** Oft nur Erdwälle mit einem Palisadenzaun. Das hielt schon mal gefährliche Tiere draußen und auch gefährliche Menschen. Nicht immer, aber doch sehr oft und schützten sie die eigenen Leute und Ressourcen, wie Tiere oder Felder. Außerdem konnte man über Tore den Zutritt regeln oder versagen. Zwielichtige Gestalten wurden abgewiesen, Händler und Reisende willkommen geheißen. Somit war es die Schufterei wert, einen Palisadenwall zu errichten. Manchmal wurden davor noch Dornhecken gepflanzt, um die feindliche Angriffslust zu dämpfen.

Opferschwerter als Kriegsbeute wurden unbrauchbar gemacht.

Ringwälle waren bis zu 25 Meter hoch.

Die Wälle waren durchaus imposant, massiv gefügt und steil aufgeworfen. Der Ringwall des Hunnenrings von Herzenhausen wird an der höchsten Stelle auf 25 Meter geschätzt, eine wirksame Verteidigungsanlage in unsicheren Zeiten. Und weit verbreitet. **Archäologen vermuten tausende von Ringwällen um kleinere Ansiedlungen herum** und noch hunderte umfassten größere Siedlungen, die sogenannten **Oppida**, in denen bis zu zehntausend Einwohner lebten, wie z. B. für das Oppidum Manching geschätzt wurde. Davon wurden erst wenige entdeckt und nur einige wenige archäologisch untersucht. Dabei wurden umfangreich Funde gemacht.

Das Oppidum Manching

1999 wurde in der Nähe des ehemaligen Hafens ein Goldmünzendepot entdeckt. Es umfasst 483 boische Muschelstatere und einen 217 Gramm schweren Goldklumpen. Vermutlich in einem Lederbeutel, wie der Fund von drei Bronzeringchen andeutet. 1984 wurde während einer Grabung ein Goldenes Kultbäumchen geborgen. In einen hölzernen, mit Blattgold überzogenen Stamm, der zusätzlich einen Seitenast trägt, sind bronzene Blätter und vergoldete Knospen und Früchte eingesteckt. Das Kultbäumchen wird als von Efeu umrankter Eichenspross interpretiert. Das Stück ist in das 3. Jahrhundert v. Chr. datierbar.

Für Dich als Schatzjäger ein interessanter Suchansatz: Geh raus und halt die Augen offen, es ist ziemlich wahrscheinlich, dass auch bei Dir in der Nähe ein unentdeckter Ringwall seit Jahrtausenden schlummert. Küss ihn wach. Keltische Ringwälle waren um eine keltische Kleinstadt herum an Handelstraßen oder als Fluchtburgen angelegt, vorzugsweise auf Höhenrücken oder Kuppen. Also informiere dich über die alten Keltenwege in Deiner Region. Wie viele der gefundenen Stücke nahelegen, durchzog die keltische Welt ein Handelsstraßennetz. Die Straßen wurden später von den Römern übernommen. Einige sind auch noch heute bekannt wie die Keltenstraße bei Eichstätt. Eine erste Übersicht findest Du unter: **http://www.altwege.de/roemer-und-kelten/interaktive-karte.html.**

Halte Ausschau nach diesen Altstraßen. Ist bei Dir weit und breit keine Altstraße entdeckt worden, **halte Ausschau nach möglichen Siedlungsplätzen.** Kelten siedelten gerne an Flüssen oder Seen, idealerweise auf einem höher gelegenen, die Umgebung überschauenden, leicht zu verteidigendem Ort. Wie die **Keltensiedlung auf dem Glauberg.** Such nach der Charakteristik solcher Plätze in Deiner Umgebung. Prüfe dann die Schummerungen.

Ringwall, eingeebnet im Wald.

Darauf sind die Ringwälle markant zu erkennen, wenn sie nicht überbaut wurden. Unberührtes findest Du meist in Wäldern.

Achtung!

Ringwälle und Fischweiher sehen sich in der Schummerung fatal ähnlich. Vor einigen Jahren war ich felsenfest davon überzeugt, einen Ringwall auf einer Schummerung ausgemacht zu haben. Verblüfft stand ich vor Ort an einem über den Winter ausgelassenen Karpfenteich.

Und denk daran, dass Dein Fund ein Bodendenkmal sein könnte. Findest Du Keltisches, melde den Fund und das Gebiet an die untere Denkmalschutzbehörde. In den meisten Denkmalschutzgesetzen ist geregelt, dass bei einem Verdacht auf ein Bodendenkmal mittelbar **Meldung an die Denkmalschutzbehörden** erfolgen muss. Stammt Dein Fund aus der Neuzeit, dann such weiter. Die meisten Funde in Ringwällen bedürfen einer professionellen Bergung durch Archäologen, da die Funde tief liegen. Schachtgräber, Opferschächte und Brunnen liegen außerhalb der Reichweite Deiner Detektoren. Außerdem hat sich über die Jahrtausende eine **dicke Humusschicht** gebildet. Ausnahmen wie der Babarenschatz von Rülzheim bestätigen die Regel.

SEHENSWERT

Kelten und Römer Museum in Manching: Schon im Mittelalter war der Ringwall bekannt als »Der Pfahl«. Als keltisches Oppidum wurde es im 19. Jahrhundert identifiziert. Im Museum kannst Du Dich über römische und keltische Funde aus dem Umfeld des Oppidums informieren, darunter zwei römische Militärschiffe. Weltweit einzigartig ist das goldene Kultbäumchen.

SCHATZJÄGER GESUCHT #30

Das Silber am Spitzlstein

Ort:
Salzkammergut, Österreich

Typus:
Sage

Belegbarkeit:
gering

Art des Versteckes:
geplant

Fundwahrscheinlichkeit:
mittel

↑ Der Traunsee unterhalb des Spitzlsteins.

Das Salzkammergut war einst reich an Gold- und Silberschätzen. Das Goldloch in der Schrott sei von Italienern besucht und ausgebeutet worden.

Am Weg zum Loskogl, so die Sage, sollen unterhalb des Spitzlsteins bei einer Kranabetstaude Silberbarren liegen.

Auch in der Gegend der Klamm haben einige ihr Glück gefunden. Ein Müllersbursche ging von Lend herauf heim durch die Klamm. Als er zum Paß kam, sah er zu seinem Schreck wunderliche graue Männchen. Obwohl ihm die Sache nicht ganz geheuer war, schritt er ruhig weiter und als er an dem Platz ankam, wo er die Männlein gesehen hatte, ärgerte er sich über seine Furcht, denn hier standen ganz gewöhnliche Getreidesäcke. Die hat sicher ein Fuhrmann, dachte er, dem der Weg zu steil war, hier abgeladen, um sie später wieder zu holen. Da aber einer der Säcke unverbunden dastand, konnte der Müller es nicht unterlassen, mit der Hand eine Probe herauszunehmen. Staunend betrachtete er die Körner, denn so schweren Weizen hatte er zeitlebens noch nie gesehen. Er steckte noch ein paar Handvoll in die Taschen und eilte nach Hause, denn die Nacht brach schon herein.

Am nächsten Morgen wollte er erst die Frucht fachmännisch begutachten und zu seiner großen Freude stellte er fest, dass jedes Weizenkörnchen aus purem Gold bestand; also waren es wohl doch Bergmännlein, die ihm den Schatz hingestellt hatten. Aber jeder hat eben nur so viel Glück, als er es sofort begreift; denn als er in aller Eile zur Stelle zurücklief, wo die Säcke standen, waren sie alle wieder weg.

Hier wird auf ein Goldbergwerk verwiesen. Es war nicht unüblich, dass Italiener in den Bergen auftauchten und nach Bodenschätzen gruben. Daraus entstand überall im

Goldnugget aus den Tauern.

Alpenraum die Sage der Venediger. Unheimliche, kleingewachsene, dunkelhaarige Männer graben nach Schätzen und transportieren diese ab. Deshalb kann durchaus ein Müllersbursche Säcke mit Gold, fertig für die Abholung am Straßenrand entdeckt haben.

Gold in den Abraumhalden

Du als Schatzsucher wirst kaum Säcke voller Gold am Wegesrand entdecken, kannst Dir aber die **Abraumhalden der ehemaligen Goldbergwerke** vornehmen. Eine Gruppe von Ingenieuren gewann aus den Abraumhalden in den Tauern immerhin noch 4 Kilogramm reines Gold. Werner Paar, Mineraloge aus Salzburg hat in alten Bergwerken nach Gold gesucht. Im mittelalterlichen **Arsenbergwerk Rotgülden** hat er eine ergiebige Goldader entdeckt.

SEHENSWERT

Finde Dein eigenes Gold. Alles, was man für das Goldwaschen als Anfänger unbedingt braucht, sind eine Waschpfanne, eine Schaufel, ein Sieb und ein Eimer. Mit ihrer Hilfe wird das Flussbett nach dem gelben Edelmetall durchkämmt. Im Rauristal im **Nationalpark Hohe Tauern** kannst Du das Goldwaschen erlernen.

Nazischatz an der Schesaplana

Ort:
Vorarlberg, Österreich

Typus:
Nazischatz

Belegbarkeit:
Geheimdienstdaten

Art des Versteckes:
Wasserverbringung

Fundwahrscheinlichkeit:
mittel

Die Schesaplana, der markante Berg an der Schweizer Grenze.
↓

Annähernd auf 2000 Metern über dem Meeresspiegel wird ein weiteres Versteck aus den letzten Tagen des dritten Reiches vermutet. Nationalsozialisten aus dem Konzentrationslager Dachau sollen 1945 in aller Eile **Juwelen, seltene Briefmarken und Goldbarren – allesamt den KZ-Häftlingen geraubte Güter** – in vier Munitionskisten aus Metall gepackt haben. Diese schafften sie über München und den Arlbergpass bis an den 1970 Meter hoch gelegenen Lünersee unterhalb der Schesaplana, dem höchsten Berg Voralbergs, unweit der Schweizer Grenze. Dort vergruben die Männer die wertvollen Kisten und flohen anschließend. Sie planten, sich den Schatz in einigen Jahren zu holen.

Quelle ist Edward Greger, ein ehemaliger CIA-Agent, der in der Nachkriegszeit in München stationiert war und später das Buch »Lünersee« verfasst hat. Greger will einst von den vier Kisten voller **»Dachau-Schätze«** erfahren haben. Ein zum Tode verurteilter SS-Offizier soll dies im Vertrauen dem Mediziner Wilhelm Gross, der inhaftierte NS-Verbrecher behandelt hat, erzählt haben. Von Gross erfuhr Greger vom angeblichen Schatz.

Schlauchboot, Sehrohr und Magnetometer

Wo sich am See der Verbergungsort befindet, ist unbekannt. Greger hat sich nie konkret dazu geäußert. Der Staudammbau am Lünersee 1956 vereitelte eine geplante gemeinsame Suche mit Gross, als die vermutete Stelle geflutet wurde. **Deshalb solltest du im ersten Schritt der Recherche eine Vorkriegskarte mit der aktuellen Landkarte vergleichen.** Irgendwo im heute überschwemmten Bereich befindet sich der Verbringungsbereich.

Entweder sind die Kisten in der Erde vergraben oder unter Steinen versteckt. Nachdem in steilen Uferbereichen von Gebirgseen die Humusschicht mit der Zeit abrutscht und der Sedimenteintrag gering ist, könnten die Kisten mittlerweile frei liegen. Ein Schlauchboot und ein Sehrohr würden eine Untersuchung der Uferzone möglich machen. Liegen die Kisten unter Wasser, kannst Du versuchen, die Suche mit einem Magnetometer vom Boot aus anzugehen. Mit der **Lünerseebergbahn** kann der See mühelos erreicht werden.

SEHENSWERT

Wanderer und Bergsteiger kommen in dem Gebiet voll auf ihre Kosten. Als Petrijünger kannst Du Dir an der **Bergstation der Lünerbahn** einen Fischereischein kaufen und Deine Angel auswerfen.

Der Lünersee ist ein Kleinod in Vorarlberg.

Seetalsee

Ort:
Salzburger Land, Österreich

Typus:
Neuzeit

Belegbarkeit:
gering

Art des Versteckes:
geplant

Fundwahrscheinlichkeit:
mittel

In vielen österreichischen Seen wurden »Nazischätze« versenkt.
↓

Im Toplitzsee gefunden: gefälschte britische Pfundnoten.

Neben Toplitzsee, Mondsee und Grundlsee gibt es einen weiteres österreichisches Gewässer in das Nazischätze versenkt wurden. Der Seetalsee im Salzburger Land.

Der Moorsee soll, so erzählen es Legenden, Juwelen und Gold in Kisten bergen.

2001 hat ein Schweizer im Auftrag zweier israelischer Publizisten versucht, im schlammigen Grund nach Schätzen zu tauchen, fand ein paar Wehrmachtskarabiner und Blechdosen. Aber die Aktion wurde durch die Gendarmerie abgebrochen, denn die Schatzsuche war nicht genehmigt.

Das **Raubgut im Seetalsee** soll, wie das im Lünersee, aus Dachau stammen. Im dortigen Konzentrationslager wurden die Inhaftierten systematisch durch die Nazis beraubt und alle Wertgegenstände beschlagnahmt. Ein SS-Aufseher soll von einem Lkw mit 36 Kisten voll Gold und Schachteln mit Diamanten erzählt haben, die zum Toplitzsee gebracht werden sollten. Auf der Fahrt dorthin soll es zum Streit gekommen sein, ein SS-Mann sei erschossen und die Fracht im Seetalsee bei Tamsweg versenkt worden.

Suche vom Boot aus

Der See liegt auf einer Höhe von fast 1100 Meter. Auch hier musst Du einen möglichen Versenkungsort lokalisieren. Nur ist es diesmal ein Moorsee. Dort ist die Unterwassersicht durch Schwebstoffe eingeschränkt. **Nur gezieltes Antauchen von Signalen** ist sinnvoll, durch Herumtasten im Sediment wird kein Fund möglich sein. Doch mit der Sonde unter Wasser herumzusuchen ist ein Glücksspiel und Du würdest dafür viele Pressluftflaschen benötigen. Die beste Wahl ist also die **Suche von einem Boot aus.** Entweder per Magnetometer oder mit einer Großspule. Oder Du wartest. Nach trockenen Sommern kann es schon einmal vorkommen, dass man im Herbst angesichts des »verdampften« Sees nur eine bessere Lache vorfindet.

Wenn Du solches Raubgold findest, versteht es sich von selbst, dass Du diesen Fund den lokalen Behörden meldest.

MAHNMAL DES GRAUENS

1965 wurde auf dem Gelände des früheren Konzentrationslagers die KZ-Gedenkstätte Dachau errichtet. Neben Originalschauplätzen erinnern auch ein Museum, ein Archiv und eine Bibliothek an die Opfer des NS-Terrors.

SCHATZJÄGER GESUCHT #33

Der Monte Verità

Ort:
Tessin, Schweiz

Typus:
Neuzeit

Belegbarkeit:
gut

Art des Versteckes:
geplant

Fundwahrscheinlichkeit:
gut

→
Afrikanische Masken.

Blick auf den Lago Maggiore.
↓

Ein buntes Völkchen lebte auf dem über dem Lago Maggiore landschaftlich reizvoll gelegenen Monte Verità. Naturmenschen, Esoteriker, Freigeister aus den besten Schichten der damaligen europäischen Gesellschaft. Wohlhabende Adlige, Industriebosse und Künstler traffen sich im Hotel Monte Verità und betrieben dort einen alternativen Lebenstraum. Unbeschwert wurde auf dem Berg seit den 30er Jahren der freien Liebe und der persönlichen Sinnsuche gefrönt. Der Gründer der Kommune ist der umtriebige **Baron von der Heydt,** der Sohn einer Bankiersfamilie aus Wuppertal.

Doch die Idylle trügt. Von der Heydt ist nicht nur der Gastgeber der alternativen Szene, er arbeitet gleichzeitig für einen der gefährlichsten Geheimdienste seiner Zeit, die deutsche Abwehr. Die Schweiz, vorgeblich neutral, lässt zu, dass Geschäfte des dritten Reiches auf ihrem Territorium abgewickelt werden. Als Verantwortlicher der Thyssen Bank regelt und organisiert von der Heydt die Zahlungen der Abwehr in der Schweiz. Und da steht einiges an. Überweisungen für kriegswichtige Rohstoffe, Bezahlung von Spionen, Verkauf von

beschlagnahmten Werten, alles läuft über die Thyssen-Bank des Herrn Baron. Und der lässt sich seine Arbeit gut bezahlen. Er erwirbt privat eine **umfangreiche Sammlung afrikanischer, indischer und chinesischer Kunst und weitere Werte wie Gold und Juwelen.** Teile der Sammlung vermacht er nach dem Krieg dem Museum Rietberg in Zürich, sowie Gemälde dem Von der Heydt-Museum in Wuppertal.

Vergraben auf dem Monte Verità?

Viele Schatzsucher glauben, dass der Baron gezwungen war, einiges zur Seite zu schaffen. Nachdem 1943 die Zusammenarbeit des Barons mit Gestapo und Abwehr bekannt wurde, interessierten sich die Schweizer Behörden für den bunten Vogel.

Es wird vermutet, dass er damals anfing seine Konten zu korrigieren, um unbelastet zu erscheinen. Und nicht nur Konten. Angeblich erreichten ihn auch **Bargeld und Gold** direkt als Briefe und Pakete. Diese in den Büchern der Bank unterzubringen, dürfte schwierig gewesen sein und ab 1943 unmöglich. Vorhandene Werte hätte der Baron dann aus der Schusslinie bringen müssen. Und was bietet sich besser an, als nicht belegbares Gut entweder **auf dem Monte Verità oder in seinem Stadthaus** zu verstecken und damit verschwinden zu lassen?

SEHENSWERT

Der Lago Maggiore zog mit seinem milden Klima schon immer Erholungssuchende an. Ein besonderes Erlebnis ist der **Wochenmarkt von Luino,** der größte in Italien. Jeden Mittwoch gibt es hier von Schnittblumen über Lebensmittel, Kleidung bis hin zu Tieren alles zu kaufen, was das Herz begehrt. Die meist regionalen Händler bieten Obst, Gemüse, Wein, Wurst und Käse aus eigener Erzeugung an.

SCHATZJÄGER GESUCHT #34

Das Kristall der Alpen

Ort:
Wallis, Schweiz

Typus:
Urzeit

Belegbarkeit:
sehr gut

Art des Versteckes:
ungeplant

Fundwahrscheinlichkeit:
groß

Berggebiet ist Strahlergebiet.

← Drusen sind Hohlräume im Gestein, in denen Kristalle wachsen.

Klarer Bergkristall. ↙

Ein Kristallsucher oder »Strahler«, wie die Männer und Frauen in der Schweiz genannt werden, geht mit Hammer, Meißel und Pickel in die Berge und sucht dort Hohlräume, die mit **Mineralien und Kristallen** gefüllt sind. Das Erlebnis, eine der seltenen großen Kristallkluften zu finden, ist ein berauschendes Gefühl. Werden Kristalle nicht von einem Strahler geborgen, wird das Kristall über kurz oder lang von der Erosion zerstört.

Das Binntal zählt weltweit zu den bedeutendsten Mineralien-Fundstellen. Neben Kristallen gibt es in dem Walliser Seitental noch viele andere Schätze zu entdecken.

In einigen Bergregionen gibt es Besucherbergwerke, in denen man selbst auf Kristallsuche gehen kann.

Eine lange Strahlertradition hat die **Gegend oberhalb der Furkapassstraße.** Seit Mitte des 19. Jahrhunderts wird hier systematisch nach Kristallen gesucht. Wer noch etwas finden will, begibt sich daher in die **Steilwände** oder stürzt sich auf das Neuland, das der **schmelzende Gletscher** freigibt, und sucht dort nach den glitzernden Quarzadern im Gestein. Sie sind ein Hinweis auf die gesuchten Hohlräume, die sogenannten Klüfte, die sich bei der Alpenfaltung vor Millionen von Jahren bildeten und überhaupt erst den Hohlraum für das **Auskristallisieren der Mineralien** boten.

Quarzbänder

Suche im Gebirge nach Quarzbändern und grabe entlang des Bandes. Quarz weist auf **ehemalige Hohlräume im Berg** hin, welche sich über Äonen mit Kristallen und Mineralien füllten. Geologen bezeichnen diesen Vorgang als Vergesellschaftung von Quarz. Meist durch **Löcher, Tunnel und Gänge** dringt man zu den edelsteinhaltigen Hohlräumen vor. Mit **Meißel und Hammer** schlägt der Sucher Steine vom Mutterfels, der sogenannten Matrix. In diese Steine eingebettet finden sich die begehrten Mineralien. Mit etwas Glück findest Du wertvolle Kristalle und Edelsteine. In der Schweiz bestreiten sogar einige Strahlersammler ihren Lebensunterhalt mit der Suche.

SEHENSWERT

Der Besuch des **Regionalmuseums Binn,** einem früheren Nebengebäude des Hotels Ofenhorn, lohnt sich. Im Untergeschoss sind Mineralien ausgestellt, die in dieser Gegend gefunden wurden. Über 200 Arten sind es, die Strahler im Binntal bisher entdeckten, einige davon kommen nur hier vor. Vor der bekannten Grube Lengenbach kann man selbst Steine klopfen.

SCHATZJÄGER GESUCHT #35

Der »Florentiner« – Schicksalsdiamant der Habsburger

Ort:
Schweiz

Typus:
Neuzeit

Belegbarkeit:
gering

Art des Versteckes:
geplant

Fundwahrscheinlichkeit:
mittel

Schweizer Tugend:
das Bankgeheimnis.
↓

Der Florentiner war der viertgrößte Diamant der Welt. **137 Karat** brachte der Edelstein auf die Waage. Sicher verwahrt in der Schatzkammer der Wiener Hofburg war er seit über 200 Jahren Teil des Thronschatzes der Habsburger.

Doch als Folge des verlorenen ersten Weltkrieges zerbröckelte die Habsburger Monarchie im riesigen Österreich-Ungarn und die Kaiserfamilie floh 1918 in die Schweiz.

Die Dynastie schaffte einen Großteil ihrer Reichtümer zu den Eidgenossen.

Unter der wertvollen Fracht: Der »Florentiner«. Der abgesetzte Habsburger Monarch »Karl von Österreich« hoffte das Kaiserreich Österreich-Ungarn durch die Hintertür erneuern zu können. Hierfür bereitete er eine erneute Thronbesteigung in Ungarn, die so genannte Restauration, vor. Dazu benötigte er jedoch große Geldsummen und verpfändete **neben anderen Wertsachen auch den »Florentiner«.**

Die Restauration scheiterte krachend. Die kaiserliche Familie wurde nach Madeira ins Exil gezwungen und konnte die hinterlegten Pfänder nicht mehr auslösen. Seither wurde der Edelstein nicht mehr gesehen.

Es wird vermutet, dass er in kleinere Steine zerlegt wurde oder in einem Schweizer Banktresor eingelagert wurde.

Edelsteinauktionen

Eine fast unlösbare Aufgabe für einen Schatzsucher. In den verschwiegenen Tresoren der Schweizer Banken könnte der Stein, wie vieles andere, überdauert haben. Ein direkter Zugang ist für jeden Externen eine Unmöglichkeit. So bleibt Dir eigentlich nur, **Edelsteinauktionen** zu beobachten in der Hoffnung, dass der Stein dort auftauchen könnte. Angeblich wurde der Diamant 1923 auf dem amerikanischen Markt verkauft. Später stellte sich heraus, dass es sich dabei um den »Shah d'Iran« gehandelt hatte, einen gelben Diamanten aus dem Schatz von Dehli. **Ein zweiter Hinweis jedoch weist nach Schloss Eckartsau.** Dort ließ die Kaiserin während der Flucht die Juwelen im Garten vergraben. Möglicherweise wurde der Florentiner beim Ausgraben übersehen.

SEHENSWERT

Wenn Du Dir selbst ein Bild eines der bestgesicherten Tresore der Welt machen möchtest, besuche den **Bundesbank-Tresor in Cochem.** Gebaut, um einen Atomkrieg zu überstehen, lagerten hier während des Kalten Krieges 15 Milliarden D-Mark einer geheimen Notstandswährung.

→ Der Florentiner war ein gelber Diamant.

RECHTLICHE RAHMENBEDINGUNGEN

Gesetzeslage für Schatzsucher in Deutschland, Österreich und der Schweiz

Schatzsuchen macht Spaß. Gesunde Bewegung auf der Fährte historischer Geschichten trainiert Körper und Geist mit der Chance, einen kleinen oder größeren Schatz aufzuspüren, aber:

»Alles was Spaß macht, ist entweder verboten, unmoralisch oder es macht dick.«

Murphy, ja der berühmte Murphy welcher Murphys Law mit »Shit Happens« formulierte, beschreibt hier treffend die Situation der Schatzsuche in Deutschland, Österreich und der Schweiz. Zwar macht Schatzsuche nicht dick, doch hat es die Amtsarchäologie geschafft, einen **Gesetzesdschungel aus verschiedenen gesetzlichen Grundlagen** zu etablieren, in dem sich ein Schatzsucher hoffnungslos verirren kann und welcher dazu dient, den Hobby-Schatzsucher, also den Dilettanten, abzuschrecken und das Feld vom Profi beackern zu lassen.

←
Verwirrender Paragrafendschungel für Sondengeher.

Doch schon Schopenhauer zeigte sich überzeugt, dass der Dilettant dem Fachmann vorzuziehen sei, da er aus purem Interesse, Vergnügen oder aus Leidenschaft ein Hobby freudiger und engagierter ausübe.

Schopenhauer über Schliemann:

»Ein Dilettant wird eine Sache con amore betreiben, von Solchen, und nicht von Lohndienern ist stets das Größte ausgegangen.«

Leider hat sich das in der Amtsarchäologie bis auf wenige Ausnahmen noch nicht herumgesprochen. Die festangestellten Archäologen gleichen Generälen mit wenigen Soldaten, die überheblich die Unterstützung durch Freiwillige ablehnen, indem sie ausgebildete Soldaten fordern, die aber nicht bewilligt werden. Also führen Sie ihre Aufgaben mit zu wenig Personal, zu wenig Ausrüstung und ohne Begeisterung durch. Ob solche Generäle erfolgreich sind, ist fraglich.

Der Wettiner Schatz im Moritzburger Wald, die Himmelsscheibe von Nebra, der Rülzheimer Barbarenschatz, der Wikingerschatz von Rügen, **die Liste der durch Dilettanten gefundenen archäologischen Sensationen ist endlos.**

Obwohl diese spektakulären Schatzfunde der letzten Jahre von Sondengehern getätigt wurden, wird dieses Potential an Man Power und Ausrüstung von der Amtsarchäologie verteufelt und ignoriert. Gerne aber bemächtigt sich die Amtsarchäologie im Nachgang der Funde und hat dazu ein scharfes Schwert geschmiedet. Das **Schatzregal,** das die Enteignung des Finders vorsieht und ihn für den Fund sogar strafrechtlich belangen kann. Welch geringe Motivation für einen Schatzfinder daraus erwächst, einen Schatz zu melden, ist offensichtlich.

Sondengänger sind die besseren Schatzfinder

Schon die Herkunft der rechtlichen Grundlagen ist verwirrend und in vielen unterschiedlichen Gesetzen geregelt. Fundrecht und Schatzfunde beispielsweise regelt das **Bundesgesetz im Bürgerlichen Gesetzbuch. Denkmalschutz und damit Schatzregal ist Ländersache.** Zahllose weitere Gesetze und Verordnungen regeln auf kommunaler Ebene Deine Rechte und Pflichten als Schatzsucher.

Folge ist, dass aufgrund der Vielzahl von gesetzlichen Regelungen Unsicherheit bezüglich der Rechtslage unter den Schatzsuchern herrscht. Diskussionen in den einschlägigen Foren spiegeln dieses wider. Wer, wann, mit welchen Mitteln wo suchen darf, ist zwar von der Verbotsseite geregelt, wo es aber erlaubt wäre, ist nirgends aufgeführt. Noch chaotischer wird es im Fundfall. Schatzdefinition, Fundrecht, Schatzregal, hadrianische Teilung, Denkmalrecht, uvm. spielen hier eine Rolle. Statt klarer Vorgaben gibt es einen Wust von Gesetzen, Vorschriften, Verordnungen.

Lass uns gemeinsam den Paragraphendschungel lichten. Was ist nun zu tun, um den Fallstricken der Gesetze zu entgehen?

CHECKLISTE FÜR DEN SONDENGEHER

1. Hol Dir die Genehmigung des Grundstückeigentümers.

Um beschwerdefrei suchen zu können, brauchst Du zuallererst das Einverständnis des Eigentümers des Grundstücks, also **Bauern, Privatleute, die Forstbehörde, Kommunen, usw.** Es ist manchmal ein aufwendiger Akt, herauszufinden wem denn nun ein Grundstück gehört. Das **Katasteramt** hilft Dir weiter. Ansonsten einfach bei den nächsten Gebäuden klingeln und anfragen, wer denn der Eigentümer deines Sehnsuchtsackers ist. Das ist ein wenig wie die Suche nach der Nadel im Heuhaufen.

Gerade auf endlosen Ackerflächen bevorzuge ich ein anderes Verfahren. Im Herbst oder im Frühjahr, also wenn kein Feldfrüchte-Anbau stattfindet, mach ich einen **Location-Check.** Kein exaktes Absuchen, sondern ein kurzes Quersondeln. Tauchen Leitfunde auf, ermittele ich den Eigentümer, zeige die bisherigen Funde und bitte um Genehmigung. Idealerweise wäre das in Schriftform. Das wollen aber viele Eigentümer nicht. Also mach Dir eine Notiz, mit wem Du wann gesprochen hast und mach', wenn denn möglich, ein Foto.

2. Prüfe, ob Du eine Nachforschungsgenehmigung benötigst.

Manche Bundesländer setzen eine **NfG (Nachforschungsgenehmigung)** voraus, bevor Du die Sonde schwingst. Diese Suchgenehmigung nach dem Denkmalschutzgesetz zu haben, ist meist nicht erforderlich, denn diese ist nur für die Suche nach **Bodendenkmälern** notwendig. Da suchst Du aber sowieso nicht, denn Du wirfst, bevor Du suchen gehst, noch einen Blick auf die **Denkmalliste Deines Bundeslandes.** Du willst ja nicht ungewollt den Detektor auf einem Bodendenkmal schwingen. Darauf reagiert die Amtsarchäologie höchst allergisch.

3. Überprüfe die Denkmalliste

Nun bist Du mit einem »Go« des Bauern ausgestattet, wedelst vielleicht mit der Nachforschungsgenehmigung und hältst respektvollen Abstand zu Bodendenkmälern. Jetzt piept auch noch der Detektor. Oh, je ein Fund, denkst Du, jetzt wird es kompliziert. Den grab ich schnell mal lieber wieder ein.

Keine Panik, alles Weitere hängt von der Art Deines Fundes und dem Bundesland ab. **Ist Dein Fund neuzeitlich, greift das Fundrecht. Historisches fällt unter den Denkmalschutz in Deinem Bundesland.** Waffen und Sprengstoffe regelt das Waffenrecht, Schätze in allen Bundesländern in Deutschland außer in Bayern, unterliegen dem **Schatzregal.** Und Schrott darfst Du, da kennt die Großzügigkeit des Gesetzgebers keine Grenzen, behalten oder ohne Gesetzesvorschrift entsorgen.

Also mach Dich schlau über das Denkmalschutzgesetz/Schatzregal in Deinem Bundesland. Das Internet und die Landesdenkmalämter, siehe unten, helfen. Das Schatzregal ist im jeweiligen Denkmalschutzgesetz niedergelegt.

Denkmalschutz hat mit Kultur zu tun und **Kultur war und ist Ländersache.** Ergo gibt es für jedes Bundesland in D-Ö-CH ein eigenes DSchG. Die ungenehmigte Suche auf einem Bodendenkmal ist in den meisten Bundesländern eine Ordnungswidrigkeit, keine Straftat.

§§ DEUTSCHLAND

Für Deutschland gelten folgende Gesetzestexte: Das Fundrecht aus dem Bürgerlichen Gesetzbuch ab Paragraph 965.

Eigentumsrecht/Fundrecht

Das Fundrecht ist im Bürgerlichen Gesetzbuch ab § 984 folgende geregelt. Es definiert den Begriff eines Schatzes und regelt dessen Aufteilung. Ebenso definiert es den Umgang mit Funden, die noch einen Besitzer aufweisen. Ab 10 Euro Wert müssen Funde, die einer Eigentümervermutung unterliegen, zum Fundamt gebracht werden. Nach sechs Monaten geht der Fund in den Besitz des Finders über.

An verlorenen Sachen erwirbt der Finder kein Eigentum. Er muss sie an den Eigentümer zurückgeben und hat Anspruch auf Finderlohn nach BGB, also **3 oder 5 Prozent Finderlohn.** Kennt er den Eigentümer nicht, so muss er den Fund im Fundbüro abgeben. Meldet sich nach 6 Monaten der Eigentümer nicht, so ist der Finder ab dann der neue alleinige Besitzer.

Spezialfall Schatzfund

§ 984 BGB lautet: »Wird eine Sache, die so lange verborgen gelegen hat, dass der Eigentümer nicht mehr zu ermitteln ist (Schatz), entdeckt und infolge der Entdeckung in Besitz genommen, so wird das Eigentum zur Hälfte von dem Entdecker, zur Hälfte von dem Eigentümer der Sache erworben, in welcher der Schatz verborgen war.«

Halbe-halbe hört sich gut an. Blöderweise haben die meisten Bundesländer ein Schatzregal und du guckst in die Röhre. Da gehört jeder Schatz dem Land. Elegante

Enteignung per Gesetz. Nur in Bayern gibt es kein Schatzregal. Somit gehören Schatzfunde nach § 984 BGB also zu je 50% dem Finder und dem Grundeigentümer. **Der Finder ist also nie alleiniger Eigentümer, es sei denn, er sucht auf eigenem Grund.** Was wissenschaftlich, archäologisch oder geschichtlich bedeutende Funde sind, also Schätze, wie das Schatzregal schwammig formuliert, entscheiden alleine die amtsarchäologischen Behörden.

In einem Schatzregalland begeht ein nicht meldender Sondengänger gegen das Bundesland bzw. die Behörde eine Straftat (Fundunterschlagung), in Nichtschatzregalländern nur eine Ordnungswidrigkeit (Unterlassung der Fundmeldung). In D-Ö-CH solltest Du weiterhin NoGos wie Betreuungsverbote prüfen: Das Internet, das Landratsamt, das Forstamt und die Landesdenkmalämter, siehe unten, helfen. **Beachte zudem regionale Vorschriften,** gerade in Städten, wie z. B. die Suche in Parks, Wäldern oder auf Brachflächen: erkundige Dich im Internet bei den kommunalen Behörden.

Was ist mit dem Waffenrecht: Lass es, dieses Gesetz brauchst Du nicht im Detail zu kennen. Es genügt, wenn Du weißt: Findest Du Waffen, Munition oder Sprengstoffe, egal in welchem Zustand, ruf die Polizei. Transportiere nichts, nimm nichts mit, Dein Gesundheitszustand wird es Dir danken.

Finger weg von allem was schießt oder explodiert!

Auch darfst Du keine Funde zu Deko-Zwecken umbauen, das dürfen nur speziell autorisierte Personen wie z. B. Büchsenmacher. Verstöße gegen das WaffG und KWKG (Kriegswaffenkontrollgesetz) sind Straftaten.

↑
Finger weg, sonst sind die Finger weg.

TIPP

Ruf immer die Polizei nicht den Kampfmittelräumer. Denn die Räumer sind teilprivatisiert. Deren Logik ist: Wer bestellt, bezahlt. Du hast angerufen, bist also der Auftraggeber und schon schicken sie Dir eine Rechnung für den Einsatz. Ruft die Polizei die Kampfmittelräumer an, landet die Rechnung beim Staat.

Was wird denn dann von den Denkmalämtern genehmigt?

Kurz gesagt: Wenig, die meisten NFG´s erlauben das **Suchen und Graben auf Ackerflächen,** die dem Sondengänger zugeteilt werden, beziehungsweise die sich der Antragsteller aussucht in der Hoffnung, dass er diese Flächen genehmigt bekommt.

Eine NFG für Wiesen oder Wald oder gar BD´s und KD´s zu bekommen, ist die Ausnahme, die unseres Wissens nur in wenigen Bundesländern möglich ist.

Bei Fragen stehen Dir die Landesdenkmalämter als Ansprechpartner zur Verfügung:

LDA Bayern:
Tel: 089-21140
http://www.blfd.bayern.de/

LDA Brandenburg:
Tel: 033702-2121200
http://geoportal.brandenburg.de/

LDA Baden-Württemberg:
Tel: 0711-90445109
https://www.denkmalpflege-bw.de/

LDA Berlin:
Tel: 030-902593600
https://www.berlin.de/landesdenkmalamt/

LDA Bremen:
Tel: 0421-3012502
https://www.denkmalpflege.bremen.de/

LDA Hamburg:
Tel: 040-42824718
https://www.hamburg.de/bkm/service/

LDA Hessen:
Tel: 0611-69060
www.denkmalpflege-hessen.de

LDA Mecklenburg:
Tel: 0385-58879111
https://www.kulturwerte-mv.de/

LDA Niedersachsen:
Tel: 0511-9255301
https://denkmalpflege.niedersachsen.de

LDA Nordrhein-Westfalen:
Rheinland: Tel: 02234-98540
www.archaeologie-speyer.de
Westfalen:
Tel: 0251-5914036

LDA Rheinland-Pfalz:
Tel: 0261-66750
Internet: www.archaeologie-trier.de

LDA Saarland:
Tel: 0681-5012443
www.saarland.de/denkmal.htm

Sachsen:
Tel: 0351-48430400
http://www.archaeologie.sachsen.de

LDA Sachsen-Anhalt:
Tel: 0345-524730580
https://lda.sachsen-anhalt.de/

LDA Schleswig-Holstein:
Tel: 0431-6967760
https://schleswig-holstein.de/DE/Landesregierung/LD/ld_node.html

LDA Thüringen:
Tel: 0361-37700
https://www.thueringen.de/th1/denkmalpflege/index.aspx

ERFOLGREICHE ZUSAMMENARBEIT

In Kempten im hervorragend restaurierten römischen Tempelbezirk Campodium bin ich auf einen freundlichen Sondengeher getroffen, der im Auftrag des Landesdenkmalamtes ein riesiges Gebiet mit unendlicher Geduld sondierte. In 10-Liter-Plastikeimern sammelte er seine eingetüteten und beschrifteten Funde. Er hatte dazu extra Urlaub vom Job genommen und war mit Feuer und Flamme dabei.

Beantragung einer Suchgenehmigung

Eigentlich ist es überall das gleiche Prozedere und schränkt das freie Sondengehen ein. Die Landesdenkmalämter interpretieren das Denkmalschutzgesetz Kraft eigener Machtvollkommenheit in der Form, dass jeder Sondengeher eine Genehmigung benötigt. Diese wird beantragt, meist in einem von Dir gewünschten Gebiet geprüft, und wenn keine Bodendenkmäler anstehen, oft auch erteilt. Ab und an wird eine Qualifizierung verlangt, oft ein Kurs des Landesamtes und Deine persönliche Eignung wird überprüft. Du musst alle Funde dokumentieren und abgeben. In Schatzregalländern können die Funde als Schätze definiert werden und durch die Behörden einbehalten werden.

Langer Weg durch die Instanzen: die Nachforschungsgenehmigung

Meist wirst Du einem Betreuer zugeteilt, dem Du Rede und Antwort stehst und die getätigten Funde präsentierst. Unserer Erfahrung nach lässt er die Leine dann immer lockerer und Du wirst auch zu interessanten Feldarbeiten zugezogen oder bekommst eigene Aufträge.

Beispielhaft hier der Text eines Merkblatts für Niedersachen in verkürzter Form:

Wo dürfen Sie mit Ihrem Metallsuchgerät ohne Genehmigung suchen?

Völlig ohne eine Genehmigung können Sie nur dann suchen, wenn das Ziel Ihrer Suche Gegenstände sind, die vom für das Bundesland gültigen Denkmalschutzgesetz nicht als bewegliche oder unbewegliche Bodendenkmäler bezeichnet werden.

Stoßen Sie bei Ihrer genehmigungsfreien Suche dennoch auf ein bis dahin unbe-

Alte Rechtsgrundlagen: das Fundrecht. ↓

kanntes archäologisches Bodendenkmal, so handelt es sich um einen sogenannten Zufallsfund, den Sie nach gemäß den Denkmalschutzgesetzen Ihrem zuständigen Landesamt für Denkmalpflege melden müssen.

Verlustfunde (verlorene Gegenstände):
Beachten Sie bitte im Fundfall, dass Verlustfunde im Wert von über 10,00 Euro, deren ursprüngliche Eigentümer ihren Eigentumsanspruch an der Sache wahrscheinlich noch nicht aufgegeben haben, auf dem zuständigen Fundbüro abgegeben werden müssen. Sie machen sich sonst der Fundunterschlagung strafbar. Beanspruchen Sie auf dem Fundbüro Ihr Eigentumsrecht an den abgegebenen Funden. Wenn Sie Ihr Eigentumsrecht geltend gemacht haben (nur dann) erhalten Sie alle nicht abgeholten Fundgegenstände nach 6 Monaten zurück und können dann frei und rechtmäßig über diese Funde verfügen.

TIPP: Nicht unerwähnt werden soll das weite Gebiet der sogenannten Auftragssuche. Egal ob Ehering, Haus- oder Autoschlüssel, es gibt fast nichts, was nicht verloren wird und der Verlierer ein starkes Interesse daran hat, es wiederzufinden. Auch heute noch vergraben einige Leute Krügerrandmünzen oder Goldbarren im Garten und die Erben suchen danach. Es gibt auch noch Personen, die suchen die Silberbestecke ihrer Großeltern, die diese vor dem Ende des 2. Weltkrieges irgendwo im Garten vergraben haben. Diese versteckten »Schätze« gelten rechtlich nur als verlorene Gegenstände, da die Eigentümer oder Erben bekannt sind und ihren Anspruch auf Eigentum noch nicht gänzlich aufgegeben haben.

Fundbergung:
Grundsätzlich gilt, dass Sie für die Bergung Ihres Fundes eine Einwilligung des Grundstückeigentümers benötigen, da Sie notwendigerweise zur Fundbergung ein Loch graben müssen. Und das ist die Sondengänger Regel Nr. 1: Verschließen Sie das Loch wieder sorgfältig! Z. B. können sich Wild- und Haustiere sonst in diesen Löchern die Beine brechen. Haben Sie die Förster, Jäger und Landwirte erst einmal gegen das Hobby aufgebracht, können Sie Ihren Detektor an die Wand hängen. Die bisherigen Erfahrungen zeigen, dass Sie von den Landwirten diese Einwilligung problemlos erhalten, wenn Sie nach der Ernte über die abgeernteten Felder gehen wollen und Sie sich strikt an die Sondengänger-Regel Nr. 1 halten. Sollte sich auf diesem Acker jedoch ein unbewegliches Bodendenkmal befinden, z. B. ein römisches Kastell, eine alte Burg, eine ehemalige Dorfstelle (Wüstung), eine verschwundene Kirche, ein Reihengräberfeld oder eingeebnete Hügelgräber usw., benötigen Sie zusätzlich die oben genannte Nachforschungsgenehmigung der Denkmalschutzbehörde.

Funddokumentation:
Wichtig: Jeder geschichtswissenschaftlich interessante Fund sollte von Ihnen genau erfasst werden. Hierfür ist es nötig, das Funddatum, die Koordinate des Fundortes und die ungefähre Tiefe der Fundlage aufzuschreiben. Im Handel gibt es verschließbare Plastikbeutel in verschiedenen Größen zu kaufen. Neben dem Fund selbst sollte diesem Tütchen ein Zettel mit den Fundkoordinaten und dem Tag des Fundes beigefügt werden. Größere Gegenstände können mit Chinatinte gekennzeichnet werden. Das in Deutschland gebräuchliche Koordinatensystem ist das Gauß-Krüger-System. Zusätzlich ist es von Vorteil, ein Fundbuch oder eine

Funddatei zu führen. Hier sollte der Fund beschrieben werden sowie Datum, Koordinate, Tiefe und Besonderheiten eingetragen werden. Achten Sie bei einer Funddatei auf die nötige Sicherungsdatei, damit Ihre Daten nicht irgendwann verschwunden sind. Archäologische Funde dürfen vor der erforderlichen Meldung nicht verkauft werden. Es soll an dieser Stelle nicht verschwiegen werden, dass ein An- und Verkauf von archäologischem Kulturgut grundsätzlich gegen ethische Grundprinzipien der Archäologie verstößt und bei den Archäologen nicht gerne gesehen wird. Andererseits ist es rein rechtlich möglich. Bitte handeln Sie hierbei verantwortungsbewusst und meiden Sie nicht nachvollziehbare An- und Verkäufe, um so dem Missbrauch vorzubeugen.

Ein Verkauf ins Ausland verstößt gegen die UNESCO-Charta. Versuchen Sie niemals, einen Fundort zu verschleiern, d. h. einen falschen Fundort anzugeben, an dem sie ein archäologisches Artefakt gefunden haben. Die Denkmalschutzbehörden wissen sehr genau, wo bestimmte Artefakte gefunden werden können und wo nicht. Sollte eine derartige Verschleierung auffallen, verlieren Sie Ihre Reputation bei der Behörde und Sie werden keine Verlängerung Ihrer Nachforschungsgenehmigung erhalten.

Umgang mit den Funden:
Beachten Sie bitte, dass die von Ihnen gemachten Funde in aller Regel KEINE herrenlosen Gegenstände im Sinne des BGB sind, die Sie nach BGB-Recht in Besitz nehmen dürfen. Zum Beispiel kann der Fund einer Gürtelschnalle ein herrenloser Gegenstand sein, weil die Schnalle aus dem 19. Jahrhundert stammt. In einem anderen Fall kann

Dreamteam für die Dokumentation: Handy, Pad und Notizbuch.

↑
Altlasten der Kriege: Blindgänger.

sie jedoch ein bewegliches Bodendenkmal sein, weil es sich z. B. um eine römische Gürtelschnalle handelt. Abhängig vom wissenschaftlichen Wert ist es möglich, dass ein Fund je nach Bundesland automatisch in den Besitz des Landes übergeht (sogenanntes Schatzregal). Hat der Fund (zusätzlich) einen finanziellen Wert, (mehr als 10 Euro), stellt er nach BGB-Recht einen Schatz dar und dann ist der Grundstückseigentümer zu 50% Miteigentümer an diesem Fund.

Kriegsaltlasten (Munition, Granaten, Bomben):

Tagtäglich werden von Sondengängern Munition, Granaten und Bomben entdeckt. Diese Kriegsaltlasten sind in vielen Fällen noch voll funktionsfähig und damit lebensgefährlich. Es hat auch schon Tote und Schwerverletzte gegeben, allerdings nicht bei der Suche, sondern bei dem laienhaften Versuch, Granaten im heimischen Keller zu entschärfen.

Nehmen Sie KEINE Munition KEINE Granaten und KEINE Bomben mit nach Hause. Informieren Sie bei solchen Funden sofort die Polizei oder den Kampfmittelräumdienst.

Kriegsgräber:

Beim Sondengehen kann man auch auf menschliche Überreste aus beiden Weltkriegen stoßen. Wenn man dies tut, soll man die Behörden (Polizei) informieren bzw. beim Fund der Erkennungsmarke eines Soldaten (egal ob deutsch, amerikanisch, ...) die Deutsche Dienststelle in Berlin oder die Deutsche Kriegsgräberfürsorge benachrichtigen. Beim Fund von Leichenteilen (Knochen) in Verbindung mit einer Erkennungsmarke darf die Erkennungsmarke nicht aus der Grablage entfernt werden. Informieren Sie die Polizei. Die Polizei muss eine amtliche Feststellung über den Fund anfertigen. Die Erkennungsmarke erhalten Sie auf Wunsch von der Deutschen Dienststelle zurück. Die Ausrüstungsgegenstände dürfen Sie behalten. Persönliche Dinge wie Ringe oder Orden und Ehrenzeichen sind Eigentum der Familienangehörigen. Die Familien der Gefallenen sind in der Regel froh, wenn das Schicksal und der Verbleib eines Angehörigen endlich aufgeklärt sind.

Quelle: www.PhoenixRheinMain.de

§§ ÖSTERREICH

In Österreich ist das Metallsuchen mit Sonden eine rechtliche Grauzone. Das Gehen an sich ist erlaubt. **Suchst Du gezielt nach archäologischen Fundstücken, ist es verboten und Du brauchst eine Genehmigung.** Wenn Du zufällig etwas entdeckst, dann musst du den Fund melden und abgeben – gegen Entschädigung.

Die frohe Botschaft für Dich als Sondengeher ist: Laut österreichischem Gesetz stehen archäologische Funde **je zur Hälfte dem Grundbesitzer und dem Finder** zu, denn in Österreich gibt es kein Schatzregal.

Funde gehören also nicht automatisch dem Staat. Museen und Denkmalamt haben nicht das Recht, von Dir gemachte Funde zu behalten.

Zu denkmalrechtlichen Fragen wende Dich an das Landeskonservatorat deines Bundeslandes. Das Sekretariat des BDA hilft Dir weiter.

Wien: 01 534 15 850 181

Burgenland: 01 534 15 850 296

Niederösterreich: 01 534 15 850 610

Oberösterreich: 01 534 15 850 661

Salzburg: 01 534 15 850 706

Steiermark: 01 534 15 850 759

Kärnten: 01 534 15 850 555

Tirol: 01 534 15 850 807

Vorarlberg: 01 534 15 850 856

Österreich – Bergland mit großer Historie.
↓

§§ SCHWEIZ

Die ansonsten liberalen Schweizer verstehen bei historischen Werten keinen Spaß. Für Dich als Sondengeher ist der wichtigste Artikel aus dem schweizerischen Strafgesetzbuch der **Artikel 724.**

Dort steht zu lesen: »Wissenschaftliche Gegenstände: Herrenlose Naturkörper oder Altertümer von wissenschaftlichem Wert sind Eigentum des Kantons, in dessen Gebiet sie gefunden worden sind. ... Der Finder und im Falle des Schatzes auch der Eigentümer haben Anspruch auf eine Vergütung, die jedoch den Wert der Gegenstände nicht übersteigen soll.«

Planst du eine archäologische Ausgrabung, benötigst du eine Bewilligung. Bewilligungen können Dir ausschließlich von den zuständigen kantonalen Stellen erteilt werden. In der Regel führen die kantonalen archäologischen Dienste bzw. Kantonsarchäologien Grabungen selbst durch. Wenn du ohne Bewilligung mit dem Metalldetektor nach antiken Gegenständen (auch Münzen) fahndest, machst du Dich strafbar.

Erkundige dich also bei den Kantonsarchäologen nach den Vorgaben in Deinem Kanton. Die Kontaktadressen, aber auch Verweise auf die unterschiedlichen kantonalen Gesetzesgrundlagen, findest du auf den jeweiligen Webseiten der Kantone.

Einen Überblick bietet die Seite: www.archaeologie.ch

←
Damit du nicht wie die Kuh ins Gebirge guckst: Check die Seiten der Kantonsarchäologie.

Kontaktdaten zu den Kantonsarchäologen:

Aargau, Kantonsarchäologie,
Tel. 056 462 55 00,
www.ag.ch/archaeologie

Appenzell IR, Kanton Appenzell Innerrhoden, Kulturamt,
Tel. 071 788 93 79,
www.ai.ch

Appenzell AR, Staatsarchiv,
Tel. 071 353 63 50,
www.ar.ch

Augst/Kaiseraugst, Ausgrabungen Augst/Kaiseraugst, Tel. 061 552 22 36,
www.augusta-raurica.ch

Avenches Musée Romain,
Tel. 026 557 33 00,
www.aventicum.org

Basel-Stadt, Archäologische Bodenforschung, Tel. 061 267 23 55,
www.archaeologie.bs.ch

Basel-Land, Archäologie Baselland,
Tel. 061 552 50 88, Fax 061 552 69 60,
www.archaeologie.bl.ch

Bern, Archäologischer Dienst,
Tel. 031 633 98 98,
www.erz.be.ch/archaeologie

Fribourg, Service archéologique de l'Etat,
Tel. 026 305 82 00, Fax 026 305 82 01,
www.fr.ch/saef

Genève, Service cantonal d'archéologie,
Tel. 022 327 94 40, Fax 022 327 94 41,
www.ge.ch/patrimoine/sca/

Glarus, Denkmalpflege und Ortsbildschutz,
Tel. 055 646 63 27,
www.glarus.ch

Graubünden, Archäologischer Dienst,
Tel. 081 257 48 50, Fax 081 257 48 93,
www.archaeologie.gr.ch

Jura, Office de la Culture,
Section d'Archéologie et de Paléontologie,
Tel. 032 420 84 00, Fax 032 420 84 51,
www.jura.ch/sap

Luzern, Kantonsarchäologie Luzern,
Tel. 041 228 65 95,
www.da.lu.ch

Neuchâtel, OPAN-section Archéologie,
Tel. 032 889 69 10,
www.ne.ch

Nidwalden, Fachstelle für Archäologie,
Staatsarchiv, Tel. 041 618 51 51,
www.archaeologie.nw.ch

Obwalden, Kantonale Fachstelle für
Denkmalpflege und Archäologie,
Tel. 041 666 62 51,
www.denkmalpflege.ow.ch

St. Gallen, Kantonsarchäologie,
Tel. 058 229 38 72/71,
www.archaeologie.sg.ch

Schaffhausen, Kantonsarchäologie,
Tel. 052 632 73 82,
www.archaeologie.sh.ch

Schwyz, Amt für Kultur,
Tel. 041 819 20 65, Fax 041 819 20 89

Solothurn, Kantonsarchäologie,
Tel. 032 627 25 77,
www.archaeologie.so.ch

Thurgau, Amt für Archäologie,
Tel. 058 345 60 80, Fax 058 345 60 81,
https://archaeologie.tg.ch

Ticino, Servizio Archeologico,
Tel. 091 814 13 80, Fax 091 814 13 89,
www.ti.ch/archeologia

Uri, Fachstelle Archäologie,
Tel. 041 875 28 82,
www.ur.ch

Vaud, Section de l'archéologie cantonale,
Tel. 021 316 73 29, Fax 021 316 73 47,
www.patrimoine.vd.ch

Valais, Service des Bâtiments,
Monuments et Archéologie,
Tel. 027 606 38 30,
www.vs.ch

Zug, Amt für Denkmalpflege und
Archäologie,
Tel. 041 728 28 58, Fax 041 728 28 59,
www.zug.ch

Zürich/Kanton, Kantonsarchäologie,
Tel. 043 259 69 0, Fax 043 259 69 01,
www.archaeologie.zh.ch

Zürich/Stadt, Stadtarchäologie,
Tel. 044 412 40 85, Fax 044 212 12 66,
www.stadt-zuerich.ch

Fürstentum Liechtenstein,
Amt für Kultur, Archäologie,
Tel. 00423 236 75 31, Fax 00423 236 75 46,
www.llv.li

GENUG DER THEORIE, JETZT GEHT'S RAUS ZUM SONDELN!

Aber ist das in Corona-Zeiten überhaupt erlaubt? Sei beruhigt, nach Auskunft des Staatsministeriums für Gesundheit und Pflege fällt das Gehen mit einer Sonde unter die »triftigen Gründe« nach Paragraph 3 Abs. 2 Punkt 10, Sport und Bewegung an der frischen Luft. Extra betont wird, dass sich die Sondengeher dabei in Bewegung befinden.

ANHANG

Webseiten des Autors:

http://www.forschen-fragen-finden.de

http://www.heimsuchung.net

Hilfsbereite Ausrüster:

https://www.abenteuer-schatzsuche.de

https://nuggets24.de

https://www.sondlershop-lunzer.de

Hersteller von Suchtechnik:

https://www.minelab.com

https://garrett.com/de

http://www.xpmetaldetectors.com/metal-detector/

http://www.fisherlab.com

https://www.noktadetectors.com/de

https://www.tekneticsdirect.com/

https://www.rutus.com.pl

https://www.vallon.de/en/metal-detectors

https://www.foerstergroup.de

https://ebingergroup.de/de

http://www.jwfishers.com/nr/nr283.html

Schatzsucher-Foren:

www.schatzsucher.de

www.detektorforum.de

www.bodenfundforum.com

https://www.treasurehunting.co.uk

https://www.metalldetektor-kaufen.info/

http://schatzsucher.org/forum/

https://www.militaria-fundforum.de/

Weiterführende Links zu den Freizeittipps bei den Schatzgeschichten:

#1 Forrest Fenns Bronzetruhe
Bandelier Nationalpark: https://www.nps.gov/band/index.htm

#2 Die Seeschlacht von Vigo
Kathedrale Santiago der Compostela: http://catedraldesantiago.es

#3 Schatzsage: Der Ritter von Weichs
Weilheimer Hütte: https://dav-weilheim.de/huetten/weilheimer-huette

#4 Der »Pastors Letter« in Mittenwald
Karwendelbahn: https://www.karwendel-bahn.de

#5 Das Reichsbankgold vom Walchensee
https://www.karwendel-urlaub.de/was-tun/wandern/walchensee

#6 Cocos Island: Pirateninsel im Stillen Ozean
Tauchsafari Cocos Island: https://www.live-aboard.com/de/search/costa-rica

#7 Totenschädel und eine Grabkammer im Leinawald
Altenburger Spielkartenmuseum: https://www.residenzschloss-altenburg.de/residenzschloss-altenburg.html

#8 Fossilien, die unterschätzten Schätze der Urzeit
Grünes Gewölbe Dresden: https://gruenes-gewoelbe.skd.museum/ausstellungen/historisches-gruenes-gewoelbe/

#9 Der Schatz der Wettiner bei Dresden
Schloss Moritzburg: https://www.schloss-moritzburg.de/de/startseite/

#10 Das verschollene Bernsteinzimmer
Katharinenpalast: https://www.tzar.ru/en/objects/ekaterininsky

#11 Der Nibelungenschatz
Wagners Ring der Nibelungen in Bayreuth: https://www.bayreuther-festspiele.de/

#12 Die Millionen des Rosenheim-Betrügers
Bayerische Zugspitzbahn: https://zugspitze.de/de/Service/Die-Bayerische-Zugspitzbahn

#13 Schatzsage: Störtebekers Piratenschatz
Störtebeker Festspiele: https://stoertebeker.de/

#14 Die Millionenbeute der Brüder Sass
Gaststätte Schildhorn: https://m.facebook.com/wirtshaus.schildhorn/?locale2=de_DE

#15 Maximilians verlorenes Silber
Geschichtszentrum Mühldorf: https://www.museum-muehldorf.de/

#16 Schatzsage: Das Silber am Zanklberg
Heimatmuseum Landau: http://heimatmuseum-landau.de/

#17 Schatzsage: Liegt Kaiser Hadrian in Eining begraben?
Kastell Eining: https://www.bad-goegging.de/Roemerfest-Bayern

#18 Die Kriegskasse der Österreicher
Pfarrkirche Gammelsdorf: https://de.m.wikipedia.org/wiki/St._Vitus_(Gammelsdorf)

#19 Schatzsage: Der Schatz bei Regen
Schnupftabaksmuseum Regen: https://www.museen-in-bayern.de/no_cache/das-museumsportal/museen/museen//museum-im-fressenden-haus-burgkasten-weissenstein.html?L=0

#20 Der Schatz der Willibaldsburg
Jura Museum: http://www.jura-museum.de

#21 Schatzsage: Der Kirchenschatz der Benediktiner
Dominikanerinnen Kloster Neustadt: https://www.dominikanerinnen-neustadt.de

#22 Flussübergänge
Rheinmuseum: https://www.rheinmuseum-emmerich.de/

#23 Görings Gold im Stolpsee
Carinhall: https://de.m.wikipedia.org/wiki/Carinhall

#24 Nazi-Schätze auf dem Falkenstein
Schloss Neuschwanstein: https://www.neuschwanstein.de

#25 Meteoriten, Grüße aus der Milchstraße
Meteoriten Museum Oberwesel: https://www.meteorite-museum.de

#26 Napoleons Kriegskasse bei Dölitz
Völkerschlacht Denkmal: https://www.stadtgeschichtliches-museum-leipzig.de/besuch/unsere-haeuser/voelkerschlacht-denkmal-forum-1813/

#27 Raubzüge des zweiten Weltkriegs
Domschatz Quedlinburg: https://www.domschatzquedlinburg.de/

#28 Die Gottfried
Museum Hamburg: https://shmh.de/de/museum-fuer-hamburgische-geschichte

#29 Keltische Ringwälle
Keltenmuseum Manching: https://www.museum-manching.de/

#30 Das Silber am Spitzlstein
Goldwaschkurse: https://www.goldsuchen.at/

#31 Nazischatz an der Schesaplana
Lünerseebahn: https://www.luenersee.at/de

#32 Seetalsee
Wandern im Dachstein: https://www.outdooractive.com/mobile/de/wandertouren/dachstein-gebirge/wandern-im-dachstein-gebirge/8876628/#gref

#33 Der Monte Verità
https://www.lago-maggiore.de/ausflugsziele/wochenmarkt-in-luino.html

#34 Das Kristall der Alpen
Regionalmuseum Binn: http://binn.ch/gemeinde/dorfleben/regionalmuseum

#35 Der »Florentiner« – Schicksalsdiamant der Habsburger
Bundesbankbunker in Cochem: https://www.bundesbank-bunker.de/

Der Autor

Keine Ruine, kein Gewässer, kein Acker, kein Wald ist vor seinem historischen Interesse sicher. Jürgen Proske, einer der bekanntesten Schatzsucher Deutschlands, durchstreift in seiner Freizeit die Auen und Flure seiner bayerischen Heimat. Meist auf den Spuren einer interessanten Geschichte aus der Geschichte.

Der Hobbyhistoriker bringt den Anhängern des Sondengehens in seinen **Seminaren** den verantwortungsvollen Umgang mit dem Detektor bei und vermittelt das Know-how über Metalldetektion und Verlustfahndung.

Er entwickelt **Suchkonzepte** und fahndet im Auftrag von Unternehmen und Privatpersonen nach versteckten oder verloren gegangenen Wertgegenständen.

Infos über Projekte finden sich auf seinen Webseiten:

http://www.forschen-fragen-finden.de/
http://www.heimsuchung.net/

Gerne beantwortet er auch Fragen rund um die Schatzsuche am Telefon unter:

0176-569 494 74

DANK

Ein Buch ist immer die Arbeit von vielen fleißigen Händen und Köpfen, bevor es endlich im Bücherregal des Lesers auftaucht.

Vorrangig möchte ich meiner Lektorin im Verlag pietsch, **Ulrike Ruh**, für die professionelle Begleitung und die behutsame Führung danken. Ebenso **Patricia Braun**, die virtuos das gelungene Layout gestaltete.

Und natürlich dem **Verlag pietsch**, der in dieser schwierigen Zeit das Risiko einer Veröffentlichung eingeht.

Im Hintergrund war eine Heerschar von guten Geistern unterstützend bei der Erstellung dieses Buches tätig. Dafür danke ich **Angi, ihrer Mama und Sebs**. Sie haben unermüdlich gegengelesen und korrigiert.

Rita, Dieter und Marita, die mir den Haushalt geschmissen haben und meine Launen ertrugen.

Meinen Sondelfreunden **Sebastian, Petra, Martin, Sebs, Pete, Oska, Andy, Sven, Beppo, Susanne und Roland**, auf deren Touren ich mir den Kopf freipusten konnte.

Den vielen Ideen- und Impulsgebern der einzelnen Schatzgeschichten, und ... last but not least den frostigen Wintertagen, die mich im Haus gehalten und damit die Zeit für die Erstellung dieses Buches geschenkt haben.

WEITERE INTERESSANTE BÜCHER ZUM THEMA

Schatz – ein Wort, in dem Magie mitschwingt.
Wer träumt nicht davon, einmal einen Schatz zu finden? Nach Berechnungen von Wissenschaftlern liegen allein in Deutschlands Böden mehrere tausend Tonnen Edelmetalle verborgen.

Dieses Buch vermittelt nicht nur alles notwendige Wissen über vielversprechende Fundorte, der bedarfsgerechten Auswahl und korrekten Bedienung von Metalldetektoren und weiterer Ausrüstung, sondern auch, was zu tun ist, wenn man dann auf einen »Schatz« gestoßen ist. Buchstäblich Gold werte Expertentipps sowie amüsante und packende Geschichten aus dem Schatzsucherleben runden den Band ab.

DMAX Schatzsuche für echte Kerle – Der ultimative Guide von Andreas Paul Kaiser und Jürgen Proske

256 Seiten, 350 farbige Abbildungen,
Format: 170 mm x 240 mm
ISBN: 978-3-613-50863-7

€ 19.95 €/ € (A) 20,60

Überall, wo es Bücher gibt, oder unter
WWW.MOTORBUCH-VERSAND.DE
Service-Hotline: 0711 / 78 99 21 51

pietsch